# 图说

李婷 等 著

## 精品网纹甜瓜栽培技术

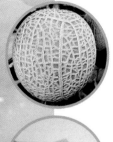

U0349345

中国农业科学技术出版社

**图书在版编目（CIP）数据**

图说精品网纹甜瓜栽培技术/李婷等著. —北京：中国农业科学技术
出版社，2020.9（2025.5重印）

ISBN 978-7-5116-4842-6

Ⅰ.①图… Ⅱ.①李… Ⅲ.①甜瓜—瓜果园艺—图解 Ⅳ.①S652-64

中国版本图书馆CIP数据核字（2020）第116878号

责任编辑　于建慧
责任校对　李向荣

出 版 者　中国农业科学技术出版社
　　　　　北京市中关村南大街12号　　　邮编：100081
电　　话　（010）82109708（编辑室）　（010）82109702（发行部）
　　　　　（010）82109709（读者服务部）
传　　真　（010）82106650
网　　址　http://www.CASTP.cn
经 销 者　各地新华书店
印 刷 者　北京中科印刷有限公司
开　　本　880mm×1 230mm　1/32
印　　张　3.625
字　　数　92千字
版　　次　2020年9月第1版　　2025年5月第3次印刷
定　　价　36.00元

# 《图说精品网纹甜瓜栽培技术》

## —— 编委会 ——

**主　著：** 李　婷

**副主著：** 李金萍　张　容　王海林　郭喜红

刘立娟　吴学宏

**著　者：**（按汉语拼音排序）

冯宝军　甘　肖　哈雪姣　江　姣

李建雷　刘宝安　刘雪莹　王怀松

王亚婷　岳焕芳　张　涛　张若纬

郑建军　祝　宁

# 前　言

"甜瓜之味甜于诸瓜，故独得甘甜之称"（《本草纲目》）。甜瓜是世界十大健康水果之一，深受消费者喜爱。中国种植甜瓜的历史悠久，品种类型丰富，栽培方式精细，是甜瓜最大的生产国，生产面积居世界之首。

网纹甜瓜属于厚皮甜瓜亚种网纹甜瓜变种，因其经济效益较高，近几年种植面积增加较快，已经成为农业产业结构调整、农民快速增收致富的途径之一。

当然，网纹甜瓜生产要求技术性较强，随着产业的发展，网纹甜瓜新品种、生产技术也得以不断开发和推广应用，广大甜瓜科技工作者和生产者亟需一本能够较全面客观地介绍网纹甜瓜的生物学特性理论基础以及栽培和植保技术的图书。基于此，在北京市西甜瓜创新团队、北京市农业技术推广站的支持下，联合多方力量，著此书，共四章。本书理论知识与实用技术相结合，图文并茂，技术可操作性和实用性强，适合瓜农和生产一线农技人员学习参考。

本书第一章介绍了网纹甜瓜的分类、生产现状以及主要栽培品种情况，使读者对于网纹甜瓜从整体上有所了解。第二章依器官顺序介绍了网纹甜瓜的基本植物学特征、各器官的生长发育习性，尤其介绍了甜瓜各个生育时期生理过程及生态要求。第三章详细介绍网纹甜瓜的栽培技术，并尝试纵向介绍了甜瓜生育过程中对环境的需求和栽培技术要点，以期更好地满足基层科技工作者和瓜农的需求。第四章主要讲述病虫害控制技术。

由于作者水平有限，加之成书时间仓促，错误、不妥和遗漏之处在所难免，敬请读者批评指正。

编 者

# 目　录

# 第一章 绪 论

## 第一节 网纹甜瓜概述

### 一、生物学分类

网纹甜瓜是葫芦科甜瓜属甜瓜种中幼果无刺的栽培种，一年生蔓性草本植物。世界上较普遍公认的甜瓜次生起源中心主要有3处：一是东亚薄皮甜瓜，次生中心是中国、日本和朝鲜；二是西亚厚皮甜瓜，次生中心为土耳其；三是中亚厚皮甜瓜，次生中心是伊朗、阿富汗、土库曼斯坦、乌兹别克斯坦以及我国新疆维吾尔自治区（以下简称新疆）。我国栽培甜瓜已有3 000多年历史，《诗经》有云，"中田有庐，疆场有瓜，是剥是菹，献之皇祖"。

针对甜瓜种的分类，国际上学术流派较多，2000年，法国Pitrat在国际园艺学报上发表《Some comments on infraspecific classification of cultivars of melon》综合了从1859年罗典为代表的苏俄—东欧学派在甜瓜分类研究的合理部分，兼容了全球多个次生起源中心（东亚、西亚、中亚）的品种资源，将甜瓜种下分为2个亚种和16个变种（表1-1）。

表1-1 甜瓜种下的亚种和变种分类

| 厚皮甜瓜亚种 ssp. *melo* Jeffrey | | 薄皮甜瓜亚种 ssp. *agrestis* Jeffrey | |
| --- | --- | --- | --- |
| 粗皮甜瓜变种 | var. *cantaloupensis* Naudin | 越瓜变种 | var. *conomon* Thunberg |
| 网纹甜瓜变种 | var. *reticulatus* Seringe | 香瓜变种 | var. *makuwa* Makino |
| 阿达纳甜瓜变种 | var. *adana* Pangalo | 梨瓜变种 | var. *chinensis* Pangalo |
| 瓜蛋甜瓜变种 | var. *chandalak* Pangalo | 泡瓜变种 | var. *momordica* Roxburgh |
| 夏甜瓜变种 | var. *ameri* Pangalo | 酸瓜变种 | var. *acidulus* Naudin |
| 冬甜瓜变种 | var. *inodorus* Jacquin | | |
| 蛇甜瓜变种 | var. *flexuosus* L. | | |
| 切特瓜变种 | var. *chate* Hasselquist | | |
| 梯比希瓜变种 | var. *tibish* Mohamed | | |
| 闻瓜变种 | var. *dudaim* L. | | |
| 齐多瓜变种 | var. *chito* Morren | | |

　　网纹甜瓜属于厚皮甜瓜亚种网纹甜瓜变种（var. *reticulatus* Seringe），哈密瓜厚皮甜瓜亚种夏甜瓜变种（var. *ameri* Pangalo）。网纹甜瓜与哈密瓜植株的生长特性有一定差异，例如，网纹甜瓜的根系较发达，约是哈密瓜的2倍左右，对水肥也更敏感，大部分技术人员常采用哈密瓜的种植技术栽培网纹甜瓜，导致网纹甜瓜田间商品率较低。网纹甜瓜栽培过程对施肥、土壤温湿度、环境温湿度等要求较高，尤其裂网纹期间，必须严格控制好温湿度，如温湿度过高，裂口会增大，导致后期无法愈合，温湿度过低，则无法裂纹或网纹很少很细。网纹甜瓜的生长习性和薄皮甜瓜亚种（ssp. *agrestis* Jeffrey）中的5个变种的差异更大，例如叶形、植株长势、坐果习性、果实外观，口感等。

## 二、网纹甜瓜品种的分类

日本明治初年的"劝农政策"推动了甜瓜的引进,20世纪中期,主栽品种是"伯爵颇爱"(Earl's Favourite)和"不列颠女王"(British Queen)。后经过杂交育种形成一系列品种,依据网纹的粗细分为粗网(阿鲁斯类型,图1-1)和细网(安第斯类型,图1-2)两种,阿鲁斯类型多为温室或者可以加温的塑料大棚立体栽培,安第斯类型主要以普通大棚或者露地地爬栽培为主。

**图1-1 粗网类型网纹甜瓜**　　　　**图1-2 细网类型网纹甜瓜**

日本网纹甜瓜现在已经发展成为成熟的产业链。在日本,网纹甜瓜按栽培方式可分为温室栽培、大棚栽培和露地栽培;按果肉颜色可分为黄绿色肉(图1-3)、橙红肉(图1-4)。目前,日本温室网纹甜瓜的代表品种为"阿鲁斯"黄绿色肉、粗网纹,果实表面有均匀美丽的网状裂纹,类似浮雕,外观极其美丽,而且果肉香味浓郁,肉质细腻,是甜瓜中的精品,被誉为"水果皇后"。

图1-3　黄绿肉网纹甜瓜　　　　图1-4　橙红肉网纹甜瓜

## 三、网纹甜瓜和哈密瓜的区别

网纹甜瓜（图1-5）和哈密瓜（图1-6）的差别主要体现在如下方面。

1. 外观区别

哈密瓜多为椭圆形，网纹甜瓜则为高圆（果实纵横径比为1～1.1）。

（1）纹路　外观的纹路，纵横相交的称为网，只有竖没有横的称为纹，所以哈密瓜的外表称为纹（近几年有的育种专家在哈密瓜育种过程中杂交了网纹甜瓜的血统，此类品种另说）。

（2）果皮颜色　哈密瓜果皮颜色类型更丰富，黄、灰、绿等；网纹甜瓜果皮颜色浅绿灰白系。

（3）商品性质　商品哈密瓜对纹路凸起没有要求，粗网网纹甜瓜则要求在凸起0.6mm以上，且网纹横截面呈圆弧状。商品哈密瓜对瓜柄没有要求，商品网纹甜瓜瓜柄需呈短"T"字形。单瓜重哈密瓜目前还是以产量为主要目标，小型哈密瓜可以长到2.5kg，网纹甜瓜1.4～1.7kg则最为适宜。

图1-5 网纹甜瓜

图1-6 哈密瓜

2. 肉质口感区别

哈密瓜大部分为橙色肉，在不同地区也有少量黄色或绿色果肉作为特色哈密瓜类型在逐步推广。网纹甜瓜肉色主要有橙红色和黄绿色、淡绿色（橙肉显性：绿肉隐性），市场上网纹甜瓜绿肉为主。

哈密瓜口感香甜酥脆；网纹甜瓜口感软绵香糯，橙肉的网纹甜瓜更带有淡淡的麝香味，最早的品种是British Queen，具浓郁的麝香味，市场接受度差异大。哈密瓜肉质松脆爽口，水分多，折光糖含量一般在17%以上，且哈密瓜收获后不需要进行后熟，需要尽快食用，储藏时间越长，肉质的松脆感会越少，影响口感。网纹甜瓜在达到成熟的生育天数后折光糖含量达到15%以上收获，收获后在常温条件下后熟1周左右，果脐处轻轻按压变软后即达到最佳食用时间，切开后可用勺子取食果肉，冷藏后食用口感更佳（图1-7，图1-8）。

图1-7 哈密瓜

图1-8 网纹甜瓜

### 3. 栽培技术区别

哈密瓜在我国新疆地区大面积露地种植，粗放管理，口感酥脆，关键是产量高；网纹甜瓜主要追求品质，栽培过程劳动力投入密集。栽培技术细节也存在很大差异，网纹甜瓜特别是温室阿鲁斯系网纹甜瓜，自身具备的生物遗传性状决定其对肥料需求很小且敏感，其发达的根系吸肥能力非常强，不可以大水大肥进行管理，而是需要根据实际情况例如天气、温度、土壤含水量、含肥量来循序渐进地调整管理措施。由于一枚合格的高端网纹甜瓜，必须具备赏心悦目的网纹外观，这就需要在裂网纹期间不断地对棚内温湿度进行变换管理。而哈密瓜原产于中亚，20世纪90年代，哈密瓜"东移南进"经过育种家改良后，目前在全国大部分地区都有种植，已经形成一系列耐低温性、耐高温性品种，全生育期对温湿度特别是湿度不是特别敏感，且对网纹的美观度要求不高，所以在整个生育期只要在保证瓜大小的前提下，对水肥的管理也没有特别大的要求。

## 四、网纹甜瓜的营养价值及口感

网纹甜瓜含水分、蛋白质、碳水化合物、膳食纤维、胡萝卜素（维生素A原）、果胶、糖类、硫胺素（维生素B₁）、核黄素（维生素B₂）、尼克酸（维生素PP）、抗坏血酸（维生素C）、钙、磷、钠、铁、钾等营养成分。其中，多种维生素的含量比西瓜高4倍，比苹果高6倍，对人体造血机能有显著的促进作用，可以作为贫血患者的食疗水果。

网纹甜瓜果肉性味甘、寒、滑，具有生津止渴、除烦热、防暑气、凝气安神等作用，常吃有益于人体肝脏及肠道系统。

网纹甜瓜成熟后在20℃左右的阴凉环境放置7～12d，完熟后（瓜脐处按压发软），肉质开始变得绵软，切开嫩绿色或者鲜橙色的果肉晶莹闪耀，咬一口，汁液随着牙齿充盈至整个口腔，奶香与果香交融，芳馨袭人，甘甜多汁（图1-9）。

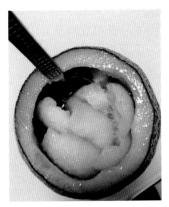

**图1-9 网纹甜瓜食用方法**

## 五、网纹甜瓜的分级

网纹甜瓜的分级标准主要是依据其商品品质、风味品质和营养品质，其中，商品品质占40%，后两者占60%。果实外

观美丽、大小适中、果形近正球（果形指数1～1.1）、不畸形、不裂果、无病斑、无斑块、皮色鲜亮、网纹美观且凸起在0.6mm以上，花痕直径小于2cm，瓜柄呈短"T"字形，果肉厚3cm以上，耐储运。肉质细腻、甜、爽口、纤维少、口味纯正、有芳香味、回味甘甜，中心糖与边糖差异梯度小（一般相差2%～3%）的网纹甜瓜为优质网纹甜瓜。一般春季网纹甜瓜折光糖含量15%～16%，食用前冷藏口适感最好。

近年来，网纹甜瓜在中国市场发展速度迅猛，虽然目前市场的细网类型甜瓜占大多数，并且一般都是从外观网纹和重量分2～3个等级进行销售，但粗网类型外观美丽，口感香甜软糯，在克服技术屏障之后，种植比例和市场占有率都会提高，粗网类型的分级标准也将会被规范。通过查阅文献、相关栽培资料，并走访日本主产区等，了解到日本静冈蜜瓜的分级标准，结合中国市场和中国栽培情况，将内容总结汇总见表1-2。

# 第二节　网纹甜瓜生产概况

## 一、种植区域及茬口安排

网纹甜瓜在全国从南向北在海南、云南、浙江、上海、河南、陕西、山西、山东、河北、北京、内蒙古自治区（全书简称内蒙古）、辽宁、黑龙江等地均有种植。2015年全国种植面积约2 000亩\*，2016年达到5 000亩以上，2017年种植面积近20 000亩，2018年达到40 000亩左右，集中产地是海南省

---

\*　1亩≈667平方米，全书同。

表1-2 日本静冈蜜瓜分级标准以及对应中国网纹甜瓜分级标准

| 日本静冈蜜瓜等级 | 中国市场对应等级 | 主要内容 | 折光糖含量 | 渠道 | 占比 |
|---|---|---|---|---|---|
| 富士印 | 5星 | 果面白净，无斑点，无伤痕，网纹均匀，每9cm²面积上网眼数150个以上，网纹宽度2mm以上，厚度1mm以上；单瓜重1.4~1.7kg；T头鲜绿，完好无损，长度与瓜横径接近，平直；果形指数1~1.1；花痕直径小于2cm | 15%以上 | 千疋屋等水果奢侈品店 | 1% |
| 山印 | 4星 | 果面白净，少有斑点，无伤痕，网纹均匀，每9cm²面积上网眼数100个以上，网纹宽度在1.5mm以上，厚度在1mm以上；单瓜重1.3~1.8kg；T头完好无损，长度与瓜横径接近，平直；果形指数0.9~1.2；花痕直径小于3cm | 14%以上 | 礼品销售并常常作为水果店展示 | 25% |
| 白印 | 3星 | 表面允许少有斑点，允许有少量疤痕，网纹均匀立体，每9cm²面积上网眼数在50个以上，网纹宽度在1mm以上，厚度在0.6mm以上；单瓜重1.25~2kg；T头允许有斑，允许倾斜目与水平呈45°以下角，长度允许小于瓜横径，果形指数0.9~1.3；花痕直径小于3.5cm | 13.5%以上 | 大型商超和水果连锁店 | 60% |
| 雪印 | 2星 | 表面允许有斑点，允许有疤痕，网纹较稀疏，单瓜重1.25~2kg；T头允许有斑；T头不平直，原则上不影响整体美观即可，网纹较稀疏，不平直；花痕直径小于3.5cm | 12%以上 | 料理店食品和切开果盘销售 | 9% |
| 无印 | 1星 | 表面有斑点，允许有疤痕，网纹稀疏；单瓜重1kg以上；T头允许不完整 | / | 用于制作零食、蛋糕及饮品 | 5% |

乐东县、山东省海阳市和辽宁省营口市，主要种植中网类型和细网类型的网纹甜瓜，粗网类型占比不足10%。

海南地区（三亚市乐东县、陵水县等地）一般一年二茬，第一茬主要播种时间是9月10日至10月10日，收获时间是12月中旬至1月中旬；第二茬主要播种时间是12月，收获时间是翌年3—4月。

华东地区（上海市崇明区、浙江省温岭市等地）、华中地区（河南省兰考县）、西北地区（陕西省蒲城县等地）、华北（山东省一带）一般一年二茬，春季茬口主要播种时间是1—2月，收获时间是5月中旬至7月中旬；秋季茬口主要播种时间是7月，收获时间是10月中旬至11月中旬。

东北地区（辽宁省营口市、黑龙江省大庆市等地）、内蒙古地区（呼和浩特市、通辽市等地）、河北地区（承德市、丰宁县等地）一般一年一茬，主要茬口播种时间是4—5月，收获时间是7月中旬至9月中旬。

## 二、主要生产设施类型

南方地区主要以连栋塑料大棚、简易单体拱棚为主，北方地区早春、晚秋主要以双面坡单体拱棚、日光温室为主，春秋以单体拱棚为主。近年来，网纹甜瓜在连栋玻璃温室的种植面积也逐渐增加。

连栋塑料大棚可种植空间面积大，适合规模化、工厂化作业，土地利用率高。四周低温带较少，用材节省，气温稳定。但是不抗风雪，夏季降温效果差，影响作物生长。海南地区种植网纹甜瓜主要使用该设施（图1-10）。

双面坡单体塑料大棚内部空间较大，维护操作简单便利，有一定保温效果，能够进行"春提前、秋延后"生产。山东、辽宁、黑龙江等地早春、晚秋种植网纹甜瓜使用该设施（图1-11）。

图1-10　连栋塑料大棚

图1-11　双面坡单体塑料大棚

日光温室相对造价较高，跨度大，空间大，采光好，抗风保温效果好，使用时间长。山东、北京、辽宁等地早春晚秋种植网纹甜瓜使用该设施（图1-12）。

图1-12　日光温室

　　连栋玻璃温室外观美观大方，设计先进，抗风雪能力较强，使用寿命长，温室内部操作空间较大，可以大面积连栋，适宜工厂化生产、规模化生产作业。配有增温降温，遮阳保温等设备，可以进行周年生产，但是造价高昂。山东、陕西等地现代农业产业园逐渐使用该设施种植网纹甜瓜（图1-13）。

图1-13　连栋温室

单体拱棚造价较低，土地利用方面比较灵活，但抗风雪能力较弱，保温效果较差，不能满足冬季生产的需要。

浙江、上海、河南、山西、山东、辽宁等地春秋茬口种植网纹甜瓜主要使用该设施（图1-14）。

## 三、生产现状与产业发展展望

**图1-14 单体拱棚**

随着国民生活水平的提高，消费者对品质追求日趋明显，近年网纹甜瓜发展势头迅猛，种植面积逐年扩大，品种较多，良莠不齐，现在既有日本、韩国进口的网纹甜瓜品种，也有国内改良培育的品种，既有黄绿肉系列的，也有橙红肉系列的，既有粗网的，也有中细网的。品种多，选择乱，不同类型，甚至同类型不同品种之间的栽培技术要求都不尽相同。种植户对于很多品种习性不熟悉，盲目种植，极易造成种植失败，同时，次品瓜进入市场，造成市场无序竞争，高品质瓜卖不上价格或者没有和低品质瓜拉开大的差距，市场不能进入良性循环。

据调研，2018年全国达到40 000亩左右，以林师傅口口蜜（细网）、玫瑰（中网）各7 000亩为首，牛美龙3号（中网）、网纹5号（细网）面积各5 000亩。中网和细网类型种植技术简单且早熟，已迅速占领大量网纹甜瓜市场，粗网类型面积一直没突破总面积的10%，主要问题是栽培技术门槛较高，

从全国生产情况来看，大部分技术人员常采用哈密瓜的种植技术栽培网纹甜瓜，导致粗网网纹甜瓜田间商品率较低。粗网网纹甜瓜栽培过程对施肥、土壤温度、空气湿度等要求较高，尤其裂网纹期间，必须严格控制好温湿度，如温湿度过高，裂口会增大，后期无法愈合；温湿度过低，则无法裂纹或网纹很少很细。

从产业角度来看，影响网纹甜瓜单品发展的问题，首先是品质与供应不稳定。偶尔种好，但规模不够，品质不稳定，品种选择不恰当，和销售对接不好等。所以，要想成功，必须实现两个稳定：一是品质稳定。选择较好品种，储备专业知识，培养专业技术队伍，保证生产规范管理，实现品质稳定；二是供应稳定（全年不间断）。全国布局周年适度规模生产，且产销能力要平衡。实现这两个稳定，建立与供应能力相匹配的销售渠道，市场即很容易打开。

其次，消费者认知度不够，市场不稳定。在日本，网纹甜瓜作为高档礼品，重大节日作为礼物赠送或招待尊贵的客人，已经形成了一种习惯，国内近些年网纹甜瓜的消费者逐渐增多，但是消费者对于网纹甜瓜的认知还不够，很多还不能分辨瓜的品质高低，认知度和市场还需要进一步的培养。同时，网纹甜瓜种植要求高经济投入、高技术投入，要实现网纹甜瓜的产业化，相对难度很大。

当下，众多果品公司例如海南纯绿（玫瑰）、永辉超市、鲜丰水果等都在逐步尝试引进粗网类型的产品，粗网类型的需求正迅速上涨，预测未来3年细网网纹甜瓜类型会出现泛滥的状态，网纹甜瓜市场会重新洗牌。

## 第三节 我国网纹甜瓜主栽品种

在日本，网纹甜瓜分为安第斯类型和阿鲁斯类型，中国市场上网纹甜瓜品种较多，笔者根据网纹的粗细归纳为三种类型，分别是细网类型、中网类型和粗网类型。

### 一、主要的细网类型网纹甜瓜品种

（1）翠甜 2018年，全国"翠甜"品种网纹甜瓜种植面积约7 000亩，高圆果细网，果肉绿色，熟期45d左右，糖度易于上升，种植技术简单（图1-15）。农友种苗（中国）有限公司产品。

图1-15 翠甜

（2）网纹5号（网5）2018年，全国种植面积约5 000亩，圆果细网，果肉绿色，熟期55d左右，易上网，纤维粗，易栽培，易上糖且稳定，耐低温（图1-16）。泰安市正太科技有限公司产品。

（3）鲁厚甜1号 2018年，全国种植面积约3 000亩，椭圆果细网，果肉绿色，熟期50d左右，易上网，耐低温。果肉纤维粗，表面有绒毛（图

图1-16 网纹5号

1-17）。山东省农业科学院蔬菜花卉研究所育成。

（4）库拉　2018年，全国种植面积约1 000亩，高圆果细网，果肉绿色，熟期40d，易上糖，易栽培，香蕉香味（图1-18）。上海惠和种业有限公司产品。

（5）帅果5号　2018年，全国种植面积约200亩，圆果细网，果肉绿色，熟期50d左右。网纹易形成，易栽培，抗白粉病，适宜早春设施栽培（图1-19）。中国农业科学院蔬菜花卉研究所育成。

（6）京玉6号　高圆果细网，果肉浅绿色，单果重1.5kg，折光糖含量最高可达19%，早熟，果实发育期50d，耐储运，货架期长（图1-20）。北京市农林科学院育成。

## 二、主要的中网类型网纹甜瓜品种

（1）阿波绿　2018年，全国种植面积约7 000亩，圆果中网，果肉绿色，熟期55d左右，易上

图1-17　鲁厚甜1号

图1-18　库拉

图1-19　帅果5号

网，易上糖且稳定，耐低温和高温的性一般，"玫瑰"品牌专用品种（图1-21）。大连米可多国际种苗有限公司产品。

（2）牛美龙3号（牛3）2018年，全国种植面积约5 000亩，圆果中网，果肉绿色，熟期55d左右，易上网，易上糖且稳定，香味足，耐储藏，受电商欢迎（图1-22）。田书沛育成。

（3）蜜绿 2018年，全国种植面积约2 500亩，圆果中网，果肉绿色，熟期55d左右，易上网，易上糖，耐低温性好。耐白粉，易栽培，果香味（图1-23）。上海惠和种业有限公司产品。

（4）帅果9号 圆果中网，果肉橘红色，熟期55d左右。网纹易形成，抗白粉病，适宜春、秋设施栽培（图1-24）。中国农业科学院蔬菜花卉研究所育成。

（5）碧龙 2018年，全国种植面积约200亩，圆果中网，果肉碧绿色，熟期48d左右，栽培技术较难。春秋保护地品种，有果香味（图1-25）。天津科润蔬菜研究所育成。

图1-20　京玉6号

图1-21　阿波绿

图1-22　牛美龙3号

（6）瑞龙　2018年，全国种植面积约200亩，圆果中网，果肉绿色，熟期50d，栽培技术较难。春季保护地品种，有果香味（图1-26）。天津科润蔬菜研究所育成。

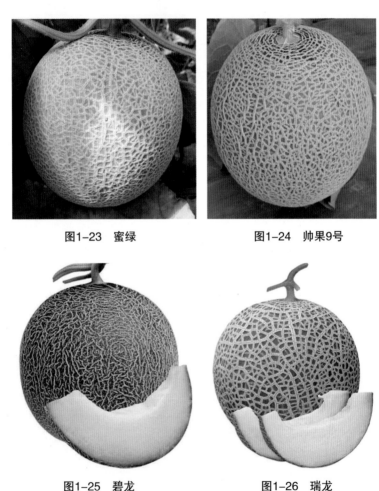

图1-23　蜜绿　　　　　　　　图1-24　帅果9号

图1-25　碧龙　　　　　　　　图1-26　瑞龙

（7）瑞龙2号　2018年，全国种植面积约500亩，圆果中网，绿肉，熟期53d，栽培技术较难。耐热性好，秋季保护地专用品种，有果香味（图1-27）。天津科润蔬菜研究所育成。

图1-27 瑞龙2号

## 三、主要的粗网类型网纹甜瓜品种

（1）阿鲁斯 2018年，全国种植面积约800亩，圆果粗网，果肉黄绿，熟期55～60d，栽培技术较难，春夏秋系列品种全，有果香味（图1-28）。上海惠和种业有限公司产品。

（2）比美 2018年，全国种植面积约400亩，圆果粗网，果肉黄绿，熟期55～60d，栽培技术较难，春夏秋系列品种全，有果香奶香混合味（图1-29）。上海惠和种业有限公司产品。

图1-28 阿鲁斯

图1-29 比美

（3）帕丽斯　2018年，全国种植面积约200亩，圆果粗网，果肉橙红，熟期55~60d，栽培技术较难，春夏秋系列品种全，有淡麝香味（图1-30）。上海惠和种业有限公司产品。

（4）京玉5号　2018年，全国种植面积约200亩，易上网、网纹中粗匀密。果实圆形，果重为1.2~2.2kg，果皮灰绿色，果肉绿色，肉质细腻多汁，风味独特，折光糖含量为15%~17%，耐白粉病，适合保护地栽培（图1-31）。北京市农林科学院育成。

图1-30　帕丽斯　　　　　图1-31　京玉5号

# 第二章 网纹甜瓜植物学特性

## 第一节 网纹甜瓜的植物学特征

### 一、根

甜瓜属直根系植物，根系由主根、多级侧根和根毛组成，90%的根毛生长于侧根上，根系发达，生长旺盛，根毛是吸收水分和矿物质营养的主要器官。

甜瓜的根系虽旺盛，分布深广，但主要根群并不是分布在土壤深层，而是分布在10~30cm左右的表层土壤中，厚皮网纹甜瓜根系伸展的广度是普通薄皮甜瓜的2~3倍，网纹甜瓜根系发达程度仅次于南瓜，主根垂直向下生长，入土深度可达1.5m以上，侧根水平伸展范围可达3m左右（图2-1）。分布深度也更深，土壤水分、土壤类型、植株营养面积、整枝方式等因素都会影响根系的发育和根系的结构与大小，通常在生长前期、生长中期通过栽培技术调节促进根系生长，以达到最适状态（图2-2）。

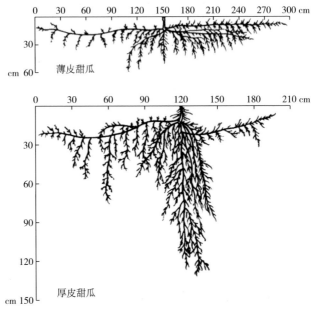

薄皮甜瓜

厚皮甜瓜

**图2-1 薄皮甜瓜和厚皮甜瓜根系分布示意图**

注：引自中国农业出版社《中国西瓜甜瓜》

**图2-2 网纹甜瓜根系**

网纹甜瓜的根系生命活动（吸收、代谢、生长）都不能缺氧，种植要求在土壤结构良好，有机质丰富，通气性良好的土壤，以固相、液相、气相各占1/3的土壤结构为宜。土壤黏重和田间积水都对生长发育不利。

网纹甜瓜根系生长的土壤酸碱度最适宜的范围是pH值为6～6.8。但甜瓜对碱性的适应能力强，在pH值为8～9的碱性条件下也能正常生长。

## 二、蔓

网纹甜瓜茎蔓为中空，有条纹或棱角，有刺毛（图2-3）。茎粗大多1cm左右，具有很强的分枝能力，每个叶腋都可发生新的分枝，由幼苗顶端伸出的蔓为主蔓，在主蔓可伸出一级侧枝（子蔓），一级侧枝上可发生二级侧枝（孙蔓），以致三级、四级侧枝等，只要条件允许，可无限生长，在一个生长周期中，网纹甜瓜的蔓可长到2.5～3m或更长，白天的生长量大于夜间，夜间的生长量仅为白天的60%左右。网纹甜瓜栽培过程中可通过主蔓摘芯来调节营养生长和生殖生长的关系，

图2-3 网纹甜瓜的茎蔓

并且田间管理留1条主蔓，在主蔓的13～15节长出的侧枝上留瓜。

## 三、叶

甜瓜叶为单叶、互生、无托叶（图2-4）。厚皮网纹甜瓜和薄皮甜瓜相比，叶片更大，叶柄长，叶色较浅，叶面较平展，皱折少，有刺毛。同一品种在不同生态条件下，叶片的形状也有差异，水肥充足，生长旺盛，叶片的缺刻

图2-4 网纹甜瓜叶

较浅；水分过少时，叶片下垂叶形变长。

幼叶展现后5～7d，叶片大小约4.6cm×5.9cm，其光合产物主要供自身消耗，需要其他功能叶提供营养用于叶片的生长。随着叶片迅速扩大，光合效率增强，光合产物除供自身消耗外还有输出，净同化率增高，这种称之为"功能叶"，当叶面积不再增加，光合作用达到顶峰，净同化率达到最高，输出的营养物质最多。之后净同化率开始降低，50d之后的叶片净同化率降低较快，输出逐渐减少，成为植株的累赘，并且容易被病菌侵入。在较好的管理水平下，网纹甜瓜的叶片的光合能力可维持在60～70d，所以田间管理在定植之后30d左右，需要逐步去除植株下部老叶，不影响光和产物积累，且阻断病菌侵入的途径，并增加通风透光性。

## 四、花

甜瓜花腋生，基数为5；即萼片5，花瓣5，基部联合；雄花5药，3组，雌蕊3枚；子房下位。甜瓜有丰富的性型表现，绝大多数厚皮甜瓜为雄花同株型。结实花子房的形状和大小多种多样，有圆形、椭圆形、长柱形等，子房的形状与最终的果实形状相关，网纹甜瓜分化速度较薄皮甜瓜快，雌花子房也较薄皮甜瓜大，因种质而异（图2-5，图2-6）。

图2-5　网纹甜瓜的雌花　　　图2-6　网纹甜瓜的雄花

甜瓜幼苗花芽分化很早，子叶展平，第一片真叶还未展开，生长锥在分化4～5个叶原基之后，花芽分化已经开始，第二片真叶展平，分化花芽的节位已经有6～8个，第三片真叶展平，分化的速度进一步加快。网纹甜瓜生长旺盛，分化的速度也较快。

苗期温度影响花芽分化的数量和质量，较低的夜温有利于花芽的分化形成：数量增加，节位降低。苗期夜温比昼温对结实花的着生节位影响大，昼温相同，随着夜温的升高，结实花的着生节位升高，但当夜温相同而昼温不同时，对雌花节位影响不大，所以苗期夜温控制非常重要。出苗之后根系温度要保持在18～20℃，温度超过25℃，结实花节位会延迟出现；通常控制苗期温度的标准，以月温在最适于茎叶生长的范围内，夜温略高于生长的最低温度为宜，即昼温25～30℃，夜间温度17～20℃，这样对花芽分化最为适宜，白天同化作用旺盛，积累多，夜间消耗少，不徒长，可使花芽分化质量提高，花蕾大而壮实，子房发育良好，坐果率高。

## 五、果实

网纹甜瓜属于厚皮甜瓜，果实的形状为圆球形，果形指数为1～1.1；果皮多为灰绿底或墨绿底，带网纹；其果实大小、质地、含糖量、风味等特性都与薄皮甜瓜不同，网纹甜瓜通过植株管理，将果实大小控制在1.4～1.7kg，果肉颜色有绿

图2-7 网纹甜瓜果实

色（黄绿、白绿）和橙红色几种，质地软糯而多汁；果肉纤维少且细腻，绿肉网纹甜瓜香味多为果香和奶香味，橙红肉品种有麝香味；果肉厚为2.5～5cm，果皮厚为0.3～0.5cm，皮质韧不可食用（图2-7）。

果实成熟后摘下置于20℃左右通风阴凉的条件下，7～12d后完熟（此时瓜脐处按压发软），口感最佳，香糯绵软。采收后放置的环境温度较高，很快容易变质腐烂、发

酵，失去商品价值。麝香味浓郁的橙红肉网纹甜瓜要较绿肉网纹甜瓜的耐储性差。贮存注意事项栽培期间氮肥过多，采收前土壤湿度过高，过熟采收，收获时瓜的温度偏高等都会缩短果实的储存时间（图2-8）。

图2-8　网纹甜瓜成熟收获

## 六、种子

甜瓜的种子由胚珠发育而成，成熟甜瓜种子由种皮、子叶和胚三大部分组成。网纹甜瓜种子根据品种不同，颜色略有差异，有橙黄色、土黄色，也有黄白色，千粒重为35～40g（图2-9）。种子在低温低湿储藏条件下，其寿命可长达6～8年。

图2-9　网纹甜瓜种子

## 第二节　网纹甜瓜的生长发育

### 一、发芽期

从播种至第一片真叶出现，约10～15d（图2-10）。

主要依靠种子自身贮藏的养分生长，以子叶面积的扩张、下胚轴伸长和根量的增加为主。种子发芽的适宜温度范围为25～35℃，最适宜的温度为28～33℃。甜瓜与其他作物一样，种子发芽对光的反应属于嫌光性，在黑暗和较黑暗的条件下发芽良好，而在有光的条件下发芽不良。

图2-10　网纹甜瓜发芽期

## 二、幼苗期

从第一片真叶露心到第五片真叶出现为幼苗期，25d左右（图2-11）。

图2-11　网纹甜瓜幼苗期

## 三、伸蔓期

从第五片真叶出现到第一朵雄花开放，20～25d（图2-12）。

图2-12　网纹甜瓜伸蔓期

## 四、结果期

从第一朵雌花开放到果实成熟。生育期不同的甜瓜主要是结果期长短的差异。早熟、中熟、晚熟品种之间有显著差异。细网网纹甜瓜一般结果期45～55d，粗网网纹甜瓜一般结果期为50～60d。

1. 结果前期

授粉后3～10d，果实迅速膨大，植株从营养生长为主转向生殖生长为主（图2-13）。

2. 结果中期

结果中期是网纹甜瓜的关键生长时期，该时期的环境管理决定网纹形成的好坏，按网纹的形成分为4个阶段分别如下。

图2-13　网纹甜瓜结果前期

（1）第一阶段　果皮硬化期（授粉后11～14d），果实开始硬化，脐部有放射状裂纹网纹形成（图2-14）。

（2）第二阶段　纵网形成期（授粉后15～20d），果实中部形成纵向裂纹（图2-15）。

图2-14　网纹甜瓜果皮硬化期

图2-15　网纹甜瓜纵网形成期

（3）第三阶段　横网形成期（授粉后21～30d），随纵向裂纹大量增加，开始形成横向裂纹，同时裂纹处的分泌物开始木栓化（图2-16）。

（4）第四阶段　网纹发生盛期（授粉后31～45d），横网大量出现，果实进入二次肥大，网纹基本遍布果实表面，形成较浅的、绿色的、未

图2-16　网纹甜瓜横网形成期

干燥的、稍微突出于果实表面的网纹组织（图2-17）。

3. 结果后期

授粉45d以后，成熟网纹组织形成，网纹完全栓化、干燥、白色，突出于果实表面。这一时期植株根茎叶的生长趋于停止，主要变化是果实内部贮藏物质的转化，适宜的温度、光照和水分管理是提高品质的关键（图2-18）。

图2-17　网纹甜瓜网纹发生盛期　　图2-18　网纹甜瓜结果后期

# 第三章 网纹甜瓜栽培技术

## 第一节  网纹甜瓜栽培技术

网纹甜瓜被称为厚皮甜瓜中的精品，以其特有的口感、风味以及优美的网状裂纹，深受广大消费者的欢迎，阿鲁斯类型粗网网纹甜瓜，是目前市场上较为高级的网纹甜瓜品种，其凸显的立体网纹所展现的外观和内在的品质无与伦比。在日本，该类型有春Ⅰ、春Ⅱ、夏Ⅰ、夏Ⅱ、夏Ⅲ、秋、秋冬Ⅰ、秋冬Ⅱ等8个作型进行周年栽培。

精品网纹甜瓜具体指标见上一节，其精品之处在于网纹的均匀性、立体性、美观性，以及果肉口感的酥糯性和恰到好处的甜度，要达到以上符合一个精品网纹甜瓜的各项指标，对种植者的技术要求非常高，在整个种植过程中，不同生育阶段对水分、湿度、温度的要求完全不同，需要种植者有足够的细心和勤奋去观察田间情况并及时调整，因此，网纹甜瓜也被称为瓜果类里最难种植的品类之一。

### 一、播种

一般考虑种子的发芽率等问题，按80%计算成苗率，立体

· 32

栽培每亩用种量为1 300～1 600株/亩。早春播种时间为定植时间前推35～40d，秋季播种时间在定植时间之前15～20d。准备腐熟的育苗土并进行彻底消毒，如果有专门工厂化生产的无菌基质育苗更好。

不同容器基质量差别很大，基质量越少越考验技术。直径9cm的营养钵350ml，可以养大苗，早春种植推荐。穴盘基质量少很多，32孔、50孔和72孔，每一穴的基质量分别约为110ml、55ml和40ml。种植网纹甜瓜推荐32孔，集约化育苗网纹甜瓜至少用50穴。

1. 催芽

为了确保种子发芽整齐、幼苗生长一致，在播种前需要催芽，首先在45～50℃温水中浸种4h左右，促进种壳软化，以利于发芽整齐；浸种后用湿毛巾包裹放在发芽盒内置于恒温30℃的催芽箱内进行催芽，一般在24～36h，嫩芽露白就可以播种（图3-1）。

**图3-1 网纹甜瓜种子露白**

2. 种子处理

种子处理技术可以提高发芽势，3～4d可出苗且整齐，并且能有效防治苗期真菌性病害，提高幼苗质量。另外，操作简单，1～2min完成处理。

如果采用种子处理技术可按照说明。北京市西甜瓜创新团队植保功能研究室自主研发的甜瓜种子包衣处理技术，不需要进行任何的浸种催芽等处理，具体操作如下：将2 000粒甜瓜种子放入准备好的塑料自封袋中（塑料自封袋的大小为

A₄纸大小的一半左右），保证自封袋的密封性良好，不发生漏气现象。将5ml药剂用力震荡摇匀，摇匀时间为1min，然后将药剂倾倒进自封袋中。将自封袋拉口封上，但在完全密封前需要保证塑料自封袋中具有一定体积的空气（自封袋中的空气尽可能的多）。随后，将塑料自封袋完全封严。用手握住塑料自封袋，用力摇晃，摇晃时间为5～10min。使自封袋中的种子表面均匀覆盖上药剂。将包衣后的种子从塑料自封袋中倒出，放在阴凉通风处，把种子晾干，时间为2h。然后将种子放置在一个新的塑料自封袋中。所有包衣处理后的种子直接播种，包衣处理后可以保证种子的发芽和出苗良好（图3-2至图3-4）。

图3-2　种子处理药剂

图3-3　处理前网纹甜瓜种子

图3-4　处理后网纹甜瓜种子

**注意事项：**①药剂在使用前一定要用力摇匀，摇匀时间为1min。②采用药剂处理以后的种子不能再用其他药剂或肥料等任何物质进行处理。③药剂直接用于包衣，不能用水稀释后再进行包衣。④药剂包衣处理后的种子不能也不需要进行浸种催芽，可以直接播种。⑤已经用其他药剂包衣或处理后的种子不能再用本药剂进行处理，否则影响种子发芽。

3. 播种

覆土厚度约为种子大小的2倍。网纹甜瓜覆土1cm为宜。太厚不好出苗，太薄则有可能造成带帽出苗（图3-5）。

图3-5　网纹甜瓜拱土

种子发芽适温是30～32℃，嫩芽顶出土表后逐渐把温度降至28～30℃（图3-6）。

## 二、育苗中管理

真叶展开前要确保25℃地温，展开1.5～2片真叶时，确保20～22℃，见干见湿补充水分，每5d左右进行一次倒

图3-6　网纹甜瓜子叶展平

苗，促进发根，保证幼苗整齐性，利于授粉坐瓜集中。真叶2.5片时，保持18℃，并逐渐开始降温。营养钵和32孔穴盘苗2.5～3片叶定植最佳，50孔穴盘2.0～2.5片真叶定植适宜，72孔穴盘建议1.5～2片真叶定植（图3-7）。

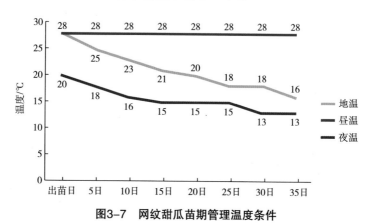

图3-7　网纹甜瓜苗期管理温度条件

　　另外，观察植株，叶色变浅之后表明育苗基质中肥变少，此时定植最佳。不同规格育苗穴后期缓苗速度不同，通过试验，早春营养钵苗缓苗需3～4d，32孔穴盘苗缓苗需4～5d，50孔穴盘苗缓苗需7～10d，72孔穴盘苗缓苗需12～15d（图3-8）。

图3-8　网纹甜瓜苗

## 三、定植地的选择

　　网纹甜瓜品种根系发达，对土壤的适应性较广，一般来说，应选择耕作层深，富含有机质的地块。较好的排水性，是决定能否生产出优质瓜的关健性条件。为害甜瓜的土壤病害以蔓割病、立枯性疫病较常见。立枯病的发生，在使用活水作灌溉时发生较多，因此，最好选用地下水进行灌溉。

施肥前，分析前茬肥料的残留量再决定施肥量。施肥结构要以有机肥料为主，改良土壤，使其能为植株提供长效的肥力。研究表明，氮素的缺乏或过量均会导致作物叶绿素含量、根系活力、酶含量和活性的下降，光合同化产物及作物对土壤养分的吸收利用能力降低，加速生殖生长进程，从而降低产量和品质；钾素缺乏或过量，可降低功能叶中磷酸蔗糖合成酶（SPS），不利于作物果实含糖量的增加，导致品质低劣。氮肥和钾肥用量过高，产量反而有下降的趋势，主要原因可能是氮、钾素供应量过高，导致甜瓜生育后期叶绿素含量和根系活力下降速度更快，有研究认为，氮素供应量过高会使大部分光合同化产物与氮形成蛋白质，影响光合产物的转化和输出，且导致根系活力下降，不利于对矿物质养分的吸收利用，从而导致减产。并且氮和钾的过量供应，影响植株对其他矿质养分的吸收利用效率，蛋白质含量也不会随着氮素供应量的增加而增加，氮和钾过多还会导致蔗糖磷酸合成酶（SPS）、蔗糖合成酶（SS）等几种酶活性降低，蔗糖合成受阻，光合同化产物大量用于合成蛋白质和其他含氮化合物，致使植株体内糖含量减少。而且，有研究表明可溶性固形物含量与甜瓜香气主要成分呈正相关，因此，甜瓜可溶性固形物含量越高，口感越好，甜瓜品质风味评价越高。所以田间要适量使用氮、钾肥，地力居中的地块，即碱解氮：$60 \sim 90mg/kg$；有效磷：$30 \sim 60mg/kg$；速效钾：$100 \sim 125mg/kg$，可补充氮（N）、磷（$P_2O_5$）、钾（$K_2O$）、分别为7kg/亩、7kg/亩和10kg/亩。需要强调的是连年种植园艺作物的设施，一定要减少化肥使用，建议使用1t有机肥/亩即可。

此外，通过比较市场上几种优势微生物菌剂对粗网网纹甜瓜的生长以及品质的影响，包括枯草芽孢杆菌（M9和B29）、特锐菌和酵素（DT-01），在两个粗网网纹甜瓜品种"维蜜"和"比美"上开展试验，测定了对田间生理指标、SPAD值、产量以及品质指标的影响。结果表明，酵素（DT-01）在粗网网纹甜瓜上应用对株高、叶面积、叶片数、SPAD值等指标和品质指标均有显著提升效果，品质提升等方面的效果最好，分析其原因，酵素为多种酶的混合物，能够直接参与土壤中的生理生化反应，加快有效养分活化，增加根际养分浓度，促进根系吸收养分，增加地上部的生物量，促进光合作用，进而提高产量和品质。

作畦的方法，单畦以畦高30cm以上，早春高畦可以提高地温，并对植株旺长有一定的控制作用，建议单行定植，通风透光效果更好，行间距1～1.3m均可，根据实际棚室环境作畦（图3-9）。

**图3-9 网纹甜瓜定植畦**

网纹甜瓜不适合大水漫灌，铺设和配备灌溉施肥设备可提高水肥利用效率，调控设施内微环境，节省灌溉施肥用工，减少环境面源污染，提高作物产量和品质等。目前应用较多的灌溉产品包括滴灌、微喷带和滴箭等（图3-10至图3-12）。

**图3-10 滴灌节水灌溉系统田间应用**

（1）滴灌 滴灌是利用输水管道和灌水器将具有一定压力的水均匀、准确地输送到作物根部，属于局部灌溉技术，滴灌的滴头间距一般为30～100cm，壁厚0.15～0.2mm，按照出水方式分为压力补偿式和非压力补偿式，按照管道结构可分为内镶式和管间式。网纹甜瓜种植时，需要根据种植株距选择合适的滴头间距，为了减低生产成本，实现多季使用，最好选择壁厚在0.2mm以上的产品，压力补偿式的滴灌可以保证

灌溉均匀性，但是价格相对有所提升。根据土壤质地和种植间距，每垄可铺设1~2根滴灌，沙性土壤地块水分下渗能力强横向扩散能力弱，每垄可铺设2根滴灌。为了减少水分蒸腾，应在滴灌带铺好后加铺地膜，采用膜下滴灌技术。灌溉系统首部必须要安装过滤器，并定期清洗过滤器，防止地下水中的泥沙等杂物堵塞滴灌。滴灌需要200kPa左右的压力才能正常工作，压力过大，滴灌带容易崩裂导致跑水，压力过小，则灌溉不均匀。如果没有安装压力表，可以采用按压法判断压力是否合适，灌溉时水能充满管道，用手按压滴灌带，有阻力但是不紧绷。

**图3-11 微喷带节水灌溉系统田间应用**

（2）微喷带 微喷带是指利用输水管路和微喷管带将有压水送至田间，通过微喷带上的出水孔，在作物根系附近形成细雨状喷洒效果。微喷带出水孔按照一定的规律布设，包括斜五孔、斜三孔、斜七孔等，孔径0.1~1.2mm，工作压力一般为50~150kPa，西甜瓜生产一般采用膜下微喷技术，每垄铺设1根，覆膜后水滴喷洒在地膜上，使水均匀地分布在作物根系附近。微喷带具有出水量大，缩短单次灌溉时长，价格相对低廉，对水源压力和质量要求低等优势。但是微喷带壁厚较薄，容易磨损，使用年限较短。

**图3-12 滴箭节水灌溉系统田间应用**

（3）滴箭 滴箭是采用外形像箭一样长度为10cm左右的灌水器，通过多出口分水器与滴灌管连接，将水一滴一滴地均匀滴到作物根区附近，工作压力一般为50～150kPa，流量范围为1~4L/h，因为具有迷宫式紊流流道和膜片式稳流滴头，灌溉均匀度高，常用于盆栽或者袋式基质栽培中，可以根据栽培密度和种植位置，改变滴箭插入位置，方便快捷。但是，滴箭灌溉系统成本较高，增加了生产投入，因为灌水器流道较细，地下水杂质较多或者使用肥料溶解不完全的营养液，容易造成堵塞，滴箭清洗较为繁琐。

早春定植做好畦，铺设好滴灌管，提前15d浇透底水，铺设地膜，地膜优先选择透明膜，其次是黑白膜或者银灰膜；架设二层天幕，准备好小拱棚和小拱棚膜。如果是日光温室定植，内部做好准备后进行正常卷放棉被，地膜上会出现小露珠，连续监测棚前底脚10~15cm土层地温，最低温度持续一周保证在15℃以上，可以进行定植（图3-13）。

**图3-13　网纹甜瓜春茬定植前准备**

秋季定植在定植前1d浇透底水，可以不铺地膜，如果铺设地膜，两侧要露出来，避免地温过高影响根系发育（图3-14）。

**图3-14 网纹甜瓜秋茬定植前准备**

## 四、定植

单行定值行间距1~1.3m,株距40cm左右,定植时最低地温需在15℃以上,苗龄3~3.5片叶为宜,定植时幼苗的基质层要齐平或者高出土层。定植后棚内空气温度保持28℃为宜,夜间温度不得低于15℃(图3-15)。

**图3-15 网纹甜瓜定植**

1. 定植后10d左右（5片真叶阶段前后）

此阶段，苗势开始生长旺盛（图3-16），这时可以去除子叶，打侧枝。适当抑制长势，促进花芽的分化。如果果长势较弱，生长点未凸出，不要着急整枝，促进根系发育。

2. 定植后15d左右（7~8片真叶前后）

此阶段进行吊蔓，理齐植株生长点高度。理齐植株生长高度对调整不同长势植株的生育进程作用很大，并有利于开花后的全生育期管理（图3-17）。

3. 决定坐果节位（约在定植后28d，13片真叶左右）

坐果节位应选择的畦上方50~60cm，12~14节为佳，瓜苗生长整齐一致的为好。吊

图3-16 网纹甜瓜缓苗

图3-17 网纹甜瓜伸蔓

蔓（图3-18）栽培原则上一株一果。着果位置对果实的大小（果重）、果形和网纹的发生有很大影响。着果节位越高越是大果。果形：节位低扁平果，节位高纵长果。网纹：节位越低越密越凸起，越高越稀疏、凸起不足。最适宜的着果位置要根据育种公司的指示，一般都在11~14节（图3-19）。据笔者经验，品种之间无太大差别。一般，大果品种在低节位，小果品种在高节位坐果来调整果实的大小。

图3-18 网纹甜瓜吊蔓

图3-19 网纹甜瓜真叶

这个时期是结果枝、茎叶的充实肥大期，管理上以促肥为主（图3-20）。从该时期开始到开花期禁止棚内使用熏蒸剂。

图3-20 开花期之前网纹甜瓜田间长势图

留叶的标准是：在着果位置的上方留10枚叶片，在顶端摘芯。叶片小的品种，或者长势弱的时候，有时要留12～14片叶。长势过旺，即使开花也很难着果，这时用镊子仿佛拔生长点那样摘芯最好（图3-21）。主枝的摘芯通常是在定植后30d左右，开花前3~4d进行。植株长到株高约1m前后，展开叶达到17片左右时，留20片叶进行摘芯。摘芯的程度通常是摘去植株顶芯0.5~1cm，依长势强弱适当增减大小。在坐果节位以上，至少要保证7~8片真叶。定植30d以后，下位5片叶要逐步去除。

**图3-21　授粉前网纹甜瓜摘芯**

## 五、开花授粉

开花期的坐果节位是最大展开叶，有连续3~4节主蔓折形的节位最为理想。结果枝要尽早选留为好。结果枝的摘芯，以第2节间的伸长程度为依据，通常在第一节15~20cm，第二节8cm左右时为好（图3-22，图3-23）。

图3-22　网纹甜瓜开花　　　　　图3-23　网纹甜瓜坐果

1. 开花（冬季加温型栽培以定植后40d左右，春季无加温型以定植后35～45d）

开花期间要防止湿度大，力求降低棚内湿度。开花时顶叶的大小以纵径10cm左右为目标。在开花前2d搬入蜜蜂或者熊蜂，以帮助授粉。人工授粉清楚记录授粉日期，是判断优质网纹甜瓜的重要依据。

2. 开花后3～10d

子房的颜色开始从暗绿色变成淡绿色。开花期间往往由于棚内湿度较大，子房幼果易产生腐烂，因此，有必要摘光子房尾部的花瓣（图3-24至图3-27）。

确认植株均坐果后，应充分灌水以促进果实迅速膨大；并保证水分养分充分吸收，使上部叶片和植株整体各器官全面均衡生长。果色呈淡绿色，幼瓜鸡蛋大时进行选果疏果，在13～15节（植株生长较弱留瓜节位稍微提高；植株生长旺盛留瓜节位稍微降低）选留1个瓜。本阶段控制日温25～32℃，夜温18～20℃，较高的温度条件有利于果肉细胞的充分长大，促

图说精品网纹甜瓜 栽培技术

进果实肥大到鸡蛋大小。要注意摘除雄花，避免病菌孳生。灌水以量少次多为原则，干燥、保水性差的田块，首次灌水可稍稍多一些，以水促肥，促进果实膨大。

图3-24　网纹甜瓜授粉后5d

图3-25　网纹甜瓜幼果腐烂

图3-26　网纹甜瓜授粉后10d

图3-27　网纹甜瓜雄花掉落叶片孳生霉菌

3. 开花后11～14d（直径7～8cm）

此期是果实既要继续生长、果皮又要自然硬化的时期；

此时的栽培要点是控制灌水，防止土壤水分过多和空气湿度过大，空气相对湿度应控制在70%～75%，日温25～32℃，夜温18～20℃。在正常情况下，绝大多数品种的网纹甜瓜（有阿鲁斯血统）近14d时幼瓜应显铅灰色，如果显绿色则是果皮硬化不好的现象，常因高温多湿所致。倘若硬化不足，除了控制浇

图3-28　网纹甜瓜授粉后14d

水外，还应白天充分放风除湿，夜间适当降低保护地内的温度，促使果皮及时硬化。植株生长势弱也常导致果皮硬化不足；如若硬化过度，则应傍晚提前关闭放风口，提高夜间温度，控制浇水（图3-28）。

### 4. 开花后15d（直径8～9cm）

果实硬化，由灰白色转向暗灰色，硬化达到顶点，避免过度硬化，白天以28℃左右进行管理，灌水方面原则上要进行控制，而对于保水性差的干燥田块可少量灌水。该时期，由于果面上易产生裂纹脓。在换气通风时，要防止干湿的急剧变化（图3-29）。

图3-29　网纹甜瓜授粉后15d

为了让网纹甜瓜的瓜柄呈短"T"字形，在授粉后15d左右，果实开始硬化，进行吊瓜。吊瓜绳要独立于吊蔓绳，打活结卡于吊瓜钩凹槽处，便于

瓜沉下坠时重新调整高度；吊瓜的高度要较坐瓜节位略高，吊瓜蔓与水平呈30°角为宜，吊瓜对于提高网纹甜瓜的外观商品性效果明显（图3-30）。

**图3-30　网纹甜瓜吊瓜**

### 5. 开花后16～17d（避免高温高湿）

果实开始稍稍软化，果实颜色从最暗灰色向浅绿色转化。网纹开始从花托部周围出现（图3-31），先有纵向网纹产生（图3-32，图3-33）。灌水原则上还是控制，如果这时浇水，土壤湿度过高，常常导致纵纹粗裂难看，甚至后期裂瓜（图3-34）。保护地内早上应保持70%～80%的空气相对湿度，以促进网纹发生良好，一直持续到横网出现（图3-35），需要继续调高空气相对湿度。如果植株生长势太弱，保护地内过分干燥也会影响网纹形成。此时叶色开始急剧变浓，本期的温度应控制在日温为25～32℃，夜温为18～20℃。

图3-31　花托部放射状轮纹

图3-32　网纹甜瓜纵网形成

图3-33　网纹甜瓜纵网大量形成

图3-34　土壤水分过大易形成裂纹

**果实的过度硬化和不良网纹出现的问题：**

1. 春季栽培时果实可能过度硬化。

2. 高温高湿及其急剧的变化，会造成似裂果状的异常粗网纹。

3. 果实变硬的原因是环境温度过低，空气干燥，土壤氮含量过高致使茎叶生长过旺等。

6. 开花后18～21d

纵向网纹开始大量出现，果实再次进入快速肥大期。为了促使果实的软化，采取稍稍高温管理，上午设施内可以进行闷

棚，开风口每次打开5~10cm，甚至可打开一会，温度降低一些再关上，避免湿度太低，也可通过道道铺设管道进行加水。

### 7. 开花后21~25d

果实开始稍微有点软化，适当提高温度管理。果实颜色从暗灰色转向浅绿色，这之前瓜最脆弱，禁止使用农药，病虫害严重可以运用烟熏剂。此时，顶叶也达到最大，停止生长。

坐瓜之后瓜周围的温度最适宜是28℃，上午，瓜上有汗是最好的状态，如果有水滴，

图3-35 网纹甜瓜横网形成

裂的口子会比较大，如果发干，形成的网会比较小。此阶段横向网纹凸现进入盛期，果实肥大达到顶峰，果皮色逐渐变白。横向网纹凸现时最好不要网纹上产生汁液，如果汁液出现就要反思是否灌水量太多或是否高温高湿闷棚过头。从株形来看，顶叶比它下部的叶片更大，茎叶逐渐变硬。

### 8. 开花后25~30d

横网大量出现，这时要调整温度，适当高温，果实可以稍微软化促进二次膨大。可以大量灌水，如果网纹吐水，表明土壤水分过量。温度范围：上午25~35℃，下午26~30℃，夜间18~19℃。果实软化后如再持续极端的高温高湿闷棚，会造成畸形果，网纹不匀的现象。

为了让网纹甜瓜果皮无病斑、无斑块且皮色鲜亮，在授粉后26~30d，开始套袋。用A3或者8开纸张大小的报纸或者50g左右白纸，在长边中点处向与短边平行方向裁开一半长

度，绕于瓜柄处交叠用胶带或者订书机固定。撕开报纸可以让瓜处于"帽子"中间位置，否则如起不到挡光的效果，果面依旧不鲜亮。

套袋可以保持瓜周围较长时间较

图3-36 网纹甜瓜套报纸

高湿度的微环境，促进网纹更立体；也可以遮挡阳光，使得果面更鲜亮；还可以减少农药对果面的侵蚀。示范点均采用套袋技术，提高网纹甜瓜的外观商品性效果明显（图3-36）。

9. 开花后30d

网纹开始布满整个果实，如考虑要保持植株长势，可以适当灌水到第45d，授粉后45d果实可溶性固形物的含量才迅速提高（授粉后40d可溶性固形物含量约为6.2%，第45d上升到11.3%），而网纹甜瓜本身长势旺，如果前期控制不好，后期很容易早衰。为了预防早衰影响果实品质，在授粉30d之后，留顶

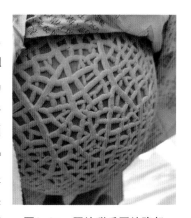

图3-37 网纹甜瓜网纹隆起

端第一或者第二节长出的新芽，新梢的生长对根系的生长伸长有所促进，从而起到预防早衰的作用（图3-37）。

注意事项

　　为了提高果实含糖量，使果实积累更多的营养物质，坐果以后应逐步减少灌水量。此时如果水分过多，高温高湿会导致果实含糖量降低，成熟期延迟甚至发生裂果。此时的温度控制在白天为25~28℃，夜间为15~16℃，直至收获。

## 六、收获

　　收获前3d进行果实糖度的测定。12月上旬至3月上旬播种的茬口，果实糖度以15%为目标，坐果后60d左右收获。3月中旬至4月播种的茬口，果实糖度以15%为目标，坐果后55d左右收获（图3-38，图3-39）。

图3-38　网纹甜瓜成熟　　　　图3-39　网纹甜瓜收获

　　每个瓜不能完全长成一样，在静冈网纹甜瓜的分级标准前文有提到，现在网纹甜瓜的主产区的分级分两步，第一步是通过老瓜农（从事种植网纹甜瓜20年以上，选瓜经验5年以上）目视进行分选，三个瓜农核定无误，该环节结束。第二步是利用分选机从单瓜重、糖度（无损测糖）和内腐（瓜外看不出来，内部发生腐烂）三个维度进行分级，之后装箱打包。

中国的网纹甜瓜总面积不大，大多是订单生产模式，目前采收之前抽样测糖，糖度达到要求之后基本按照重量有2头装，4头装，5头装，6头装等（图3-40）。

**图3-40 纯绿公司网纹甜瓜包装**

# 第二节　网纹甜瓜关键技术要点

## 一、网纹形成期对环境的需求

### 1.湿度

Webster和Craig（1976）研究了网纹甜瓜网纹的形成过程，他们认为，网纹的出现是由果实外果皮龟裂及愈伤组织木栓化后形成的。在果实发育过程中，由于果皮和内部果肉组织生长不均衡，内部膨胀压力过大造成果皮龟裂，表皮细胞分离，细胞与细胞间角质沉积，细胞膜也因纤维素沉积而加厚，细胞老化，果皮逐渐失去弹性变硬，表面积不再增大，而果肉组织却不断增长，于是便造成了内部膨压的升高。裂缝下的表皮细胞开始增殖，填满裂缝，产生大量栓化细胞，并突出果实表面形成网纹。网纹的发生大约始于花后15d，不同品种略有差异，到果实体积基本停止增长时，网纹的发生基本终止（图3-41至图3-43）。

图3-41 横网形成期高空气相对
湿度管理

图3-42 横网形成期低空气相对
湿度管理

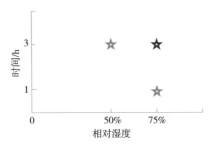

图3-43 网纹形成阶段空气相对湿度管理的两个维度

一日中，网纹发生的时间以早晨6～8时为最盛，主要由于前一天夜间棚室湿度较大一般在85%以上，温度较低，植株蒸腾作用较小，果实增长量大造成果实内部膨压增高所致。网纹的发生与品种本身有关，也和栽培环境条件关系很大。温度和湿度是比较重要的环境条件，较高的相对空气湿度可以使棚室升温延缓，蒸腾作用减弱，造成果实内部膨压上升，利于网纹形成。湿度过大时不利于愈伤组织木栓化，增加了果实果皮的柔软性和弹性，而不利于网纹形成。尤其忌讳温度和湿度的急剧变化，容易造成网纹粗细不均，分布不均等缺点。

网纹形成阶段，上午和下午有不同的要求，例如，授粉后11～14d上午的湿度应该维持在65%～75%，下午的湿度应该维持在35%左右；授粉后21～30d上午的湿度应该维持在85%以上，下午的湿度应该维持在35%左右。需要说明的是针对单独网纹甜瓜个体在授粉后25d网纹基本形成，不过在规模生产过程中，整个设施的授粉日期一般控制在5d以内，所以笔者将环境湿度参数调控持续到30d，具体湿度需求详见表3-1。

表3-1 网纹形成期对湿度的需求

| 时间 | 授粉11～14d | 授粉15～20d | 授粉21～30d | 授粉31d以后 |
|------|------------|------------|------------|------------|
| 上午 | 65%～75% | 70%以上 | 85%以上 | 50%左右 |
| 下午 | 35%左右 | 35%左右 | 35%左右 | 35%左右 |

为了提高外观商品性，保证网纹美观且凸起在0.6mm以上，网纹的横截面呈圆弧状。授粉后通过给根部和过道加水，保持较高空气相对湿度的前提下，调整放风方式和频次：纵网形成期（Ⅰ期）37℃和横网形成期（Ⅱ期）40℃再开风口。

保持较高的湿度包括两个维度，湿度的程度和维持的时间，维持较长时间的高湿度的状态，可促进木栓组织形成。

2. 温度

在网纹形成阶段对温度的需求没有湿度严格，但不同阶段也是有不同的温度要求，而且要求一定的昼夜温差，茎叶生长期适宜的气温日较差为10～13℃，结果期为12～15℃。例如，授粉后15～20d，白天的温度应该维持在25～32℃，晚上的温度应该维持在18～20℃。具体温度需求详见表3-2。

表3-2    网纹形成期适宜的温度范围    （单位：℃）

|  | 授粉11～14d | 授粉15～20d | 授粉21～30d | 授粉31d以后 |
|---|---|---|---|---|
| 白天 | 25～30 | 25～32 | 25～35 | 28～35 |
| 夜间 | 18～20 | 18～20 | 18～22 | 18～20 |

3. 土壤含水量

网纹甜瓜整个生育期水分管理是较复杂的工作。定植之前底水要浇透，定植后缓苗阶段需水量少，特别是5片叶之前不用额外补水；伸蔓期根据植株长势判断灌溉量，灌水要适中，以不缺水为前提；开花坐果期水分要充足，土壤湿度应保持在70%～80%，果实膨大期需水量最大，到网纹出现一周前（即开花后14d左右）控制给水。开花后30d左右网纹基本形成，保持稳定的土壤水分。开花后45d网纹形成，果实膨大停止进入糖分积累期，应逐渐减少灌水次数或不灌水，使土壤略为干燥，直到收获为止（图3-44）。

在网纹形成阶段对土壤水分的需求更为严格，不同阶段有不同的土壤水分要求，相应的灌水时期和灌水量的控制难度较大。授粉后15～20d土壤相对含水量应该维持在70%左右，授粉后21～30d土壤相对含水量应该维持在80%～85%。根据北京地区土壤理化性质计算出体积含水量，具体土壤水分需求详见表3-3。

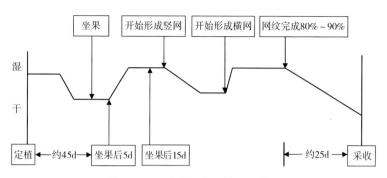

图3-44　网纹甜瓜水分管理示意图

表3-3　网纹形成期对土壤水分的需求

| 授粉后天数（d） | 土壤相对含水量（%） | 体积含水量（%） |
|---|---|---|
| 11~14 | 70~80 | 20.79~23.8 |
| 15~20 | 70 | 20.79 |
| 21~30 | 80~85 | 23.8~25.245 |
| 大于31 | 60 | 17.82 |

4.肥料使用

粗网类型（以阿鲁斯为代表）的网纹甜瓜，由于根系发达，吸水吸肥能力强，土壤肥力较好，容易使植株旺长，茎蔓叶片甚至果实都偏硬，影响品质。所以田间要适量使用氮、钾肥，地力居中的地块，即碱解氮：60~90mg/kg；有效磷：30~60mg/kg；速效钾：100~125mg/kg，可补充氮（N）、磷（$P_2O_5$）、钾（$K_2O$）、分别为7kg/亩、7kg/亩和10kg/亩。需要强调的是连年种植园艺作物的设施，一定要减少化肥使用，建议使用1t有机肥/亩即可。

如果设施的土壤条件不理想，可以用微生物有机肥，或者其他微生物菌剂例如特锐菌、枯草芽孢杆菌等改良土壤，减少土传病害的发生和传播，近几年还兴起酵素应用在农作物中，一般是酵母菌或者其他菌株的一级代谢产物和原菌株的混合物，田间发挥作用较快，对于生育期较短的瓜类作物效果较好。菌肥以及酵素产品等的使用改善土壤微环境，提高植株抗病性，还对果实风味物质各组分的含量有一定改变，具体见图3-45，KYJ为菌肥代号。

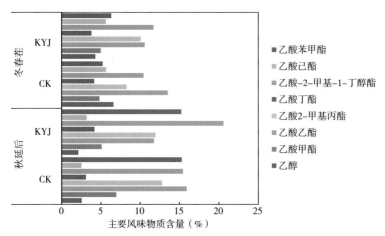

图3-45 施用不同肥料主要风味物质的变化

此外还可延长货架期5～7d，果肉性状变化见图3-46。

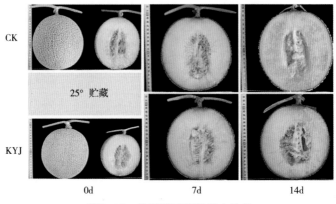

图3-46 施用不同肥料果肉性状

一般种植网纹甜瓜采用滴灌、微喷等灌溉设备，利于精准控制灌溉，省工，且提高果实品质。配合施肥设备实现水肥一体化，达到节水节肥，提高水肥利用率，提高产量和品质，并且可节省灌溉施肥用工。将可溶性肥料溶解后，利用施肥设备，采用水力驱动或者外力驱动等方式，肥料溶液利用灌溉管路，均匀输送至作物根区，实现水肥一体化，俗话说"根是植物的嘴，水是肥料的腿"，肥随水走，才能促进作物吸收养分，提高肥料利用率，节省施肥用工，提高产量和品质。根据动力来源，施肥设备大概可以分为水力驱动式和机械注入式两种。

（1）水力驱动式施肥设备（图3-47） 水力压差式施肥设备是指利用水流驱动施肥设备吸肥，不需要外源动力，目前应用较多的有压差式施肥罐、文丘里施肥器和比例施肥器。

压差施肥罐由施肥罐、进水管、供肥管、调压阀等组成，将肥料溶解在施肥罐中，进水管通到施肥罐底部，通过调节安装在主管路的进水管和供肥管之间的调压阀，产生的压差，将肥料溶液从供肥管压入主管路。压差式施肥罐的优势是不需要额外的动力，对于水源的压力和流量要求较低，成本较低，操作简单，农户只需要将肥料溶解后倒入施

**图3-47 压差施肥罐田间应用**

肥罐，适用于小地块施肥，但是不能实现均匀施肥，肥液浓度随着施肥时间逐渐稀释。

文丘里施肥器并联安装在主管路，通过调控主管路上的水流阀门，阀门前后产生压差，水流经过文丘里施肥器支路，产生真空吸力，将肥料溶液吸入主管路。文丘里施肥器优势是价格便宜，结构简单，不需要外源动力，施肥浓度比较稳定，能实现注肥浓度的简单调节，农户只需要将肥料溶解，将文丘里施肥器吸肥软管放入肥桶，调节主管路阀门即可，操作简单。但是施肥器对于压力和流量有一定要求，流量或者压力过低时，无法正常工作，而且施肥过程中压力损失较大（图3-48）。

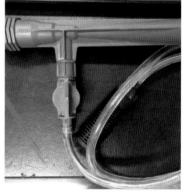

图3-48 文丘里施肥器田间应用

比例施肥器利用经过施肥器的水流驱动活塞往复运动，按照一定的比例将肥液吸入主管路，一般串联或者并联安装在主管路上。串联安装，水肥同时浇灌，流量损失较大，生产中应用较少；并联安装，水肥浇灌可以分开控制，流量损失小，生产中应用较多。目前应用较好的比例施肥器多是国外进口产品，设施内网纹甜瓜种植可选用比例施肥器规格为：吸肥比例为0.4%～4%，3/4，流量范围为50～2 500L/h。比例施肥器优点是不需要外源动力，压力损失小，可以实现精准注肥，施肥浓度稳定，操作简便，但是价格相对较高，水质较差会加剧比例施肥器磨损，缩短其使用周期，比例施肥器需要根据作物长势，调节吸肥比例，具有一定的技术门槛，适用于适度规模生产模式（图3-49）。

图3-49　比例施肥器田间应用

（2）机械注入式施肥设备　简易注入式施肥设备是指利用水泵、计量泵、隔膜泵等外源动力将肥料注入灌溉管路，不受田间流量和压力影响，不会造成压力损失，农户可以选择便携式注肥泵，搭配蓄电池，方便移动，操作简单，也可以在有电源设备的棚室内固定安装施肥首部，结构简单，可以实现施肥浓度的简单调节，根据灌溉流量，调节注肥泵施肥速度，实现均匀施肥，但是注肥泵的工作压力必须大于灌溉主管道的压力，才能实现注肥，而且需要外接电源，成本较高（图3-50）。

智能灌溉施肥机通过光照、土壤含水量、空气温湿度等传感器，获取作物生长环境信息，根据作物的水肥需求，利用内部嵌入的计算机程序，智能精准的调控灌溉施肥，为作物提供精准的水肥环境，是未来自动化、智能化农业的发展方向，目前主要应用于规模化栽培，或者无土栽培等需要精准水肥供给的栽培模式中，可以实现园区多棚集中控制，节省用工。但是设备成本昂贵，普通农户接受程度较低，同时施肥机操作较为繁琐，对于使用人员有一定的门槛要求。北京市农业技术推广站针对不同栽培规模，研发了系列智能灌溉施肥设备，可以实现根据时序、光辐射、土壤含水量等调控灌溉施肥，具有手机端和电脑端远程查看和控制功能，相比国外进口智能灌溉施肥机，成本降低了1/3，同时将控制面板设计为"傻瓜化"操作流程，降低了技术门槛，具有广阔应用推广前景（图3-51）。

图3-50 简易注肥泵田间应用

图3-51 智能灌溉施肥机田间应用

## 二、网纹甜瓜栽培技术要点

1. 判断网纹甜瓜的植株长势

（1）生长点　如果雄花与生长点的距离只有20cm左右，节间短，呈黄绿色，像黄瓜密植的苗一样生长点不清晰并且很短，花也成簇状，这种情况下，一般果实长不大。原因主要如下：①定植了老化苗；②定植后的低温；③肥料不足；④灌水不足造成的干旱。一般生长旺盛期的主枝，生长点到雄花的开花节位，最少要有40cm。

（2）叶形　一般幼苗期的叶是圆形（图3-52），随着长大出现裂刻，同样品种，在低温环境、水分不足状态下刻痕就深。反之，如果是长成圆形、刻痕少的叶子，同一品种一般是高温环境、水分过多形成的，营养生长比较旺。再有，同一品种，在普通的生长状态下，蔓长得最快的时候刻痕容易变深（图3-53）。

图3-52　叶形近圆形　　　　图3-53　叶形出现裂刻

（3）叶色　品种不同，差异很大。西班牙甜瓜系的黄皮系叶色淡，阿鲁斯系特别是夏季系，叶色浓的多。如果是同一品种，则营养状态好的叶色浓，营养状态不好的叶色淡（图3-54，图3-55）。

图3-54　初期叶色黄绿

图3-55　后期叶色转浓绿

甜瓜不像连续收获的黄瓜那样要求叶色浓，但是，初期叶色过浓会发生坐果不良，后期叶色过浓则容易产生糖积累不良。

（4）节间长短 阿鲁斯类型的甜瓜品种，一般节间长8~10cm（一根香烟的长度）为适中，如果节间长的话，主要原因是环境高温、多湿；短的话，主要原因是低温、干燥。另外，如果坐果较多，特别是糖度上升期，植株生长迟缓，节间也会变短（图3-56）。

图3-56 适宜的节间长短

注意事项

甜瓜的长势过旺和过弱，都不是比较好的状态。

长势过旺 主要是因为品种特性，施肥过多，灌水量过多，棚内极端闷热，整枝迟延。此时，营养生长强，雌花着生差，不易坐果、易硬化、网纹不好、易发酵、难上糖，

图3-57 长势过旺

另外，还有着生的果实有时会结得过大（图3-57）。

长势过弱　长势过弱也主要是由于品种特性，施肥不足，灌水量不足，设施内极端干燥或一时整枝过度。长势较弱的话，雌花着生好、着果也多，但坐果后膨瓜有问题，果实肥大困难（图3-58，图3-59）。

图3-58　长势过弱

图3-59　长势适中稳健

2.田间操作细节

（1）整枝操作　比较好的整枝时机是待植株长到40cm左右，侧枝长到10～15cm（10cm以下窝工，15cm以上茎秆长老了，活不好干）；待生长点伸出来，侧枝和卷须要从基部掰，不要用指甲从中间掐断，掐完伤口愈合慢，后期病菌还会从软腐组织攻入植株。从离层掰断伤口愈合快，晴天1.5d左右，并且形成愈伤组织，后期病菌不易侵入（图3-60至图3-62）。

图3-60　生长点判断长势

图3-61　基部打叉伤口愈合

**图3-62 木质化卷须擦伤果实**

（2）吊蔓绕秧操作 安排工作要注意一定要上午整枝，下午绕蔓。第1次吊蔓要尽量调整生长点在一个高度，8片叶开始吊蔓，坐果枝已经"蜷缩"在生长点中（图3-63）。

**图3-63 首次吊蔓调平生长点**

建议顺时针绕蔓，主要是操作效率高，实测熟练工顺时针较逆时针平均快6s/株（左撇子除外）；其次顺时针绕蔓卷须抓得更牢，顺时针缠绕得更紧，后期不会坠秧（图3-64）。

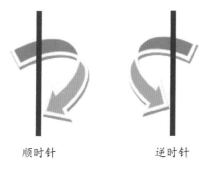

顺时针        逆时针

**图3-64　绕蔓方式**

（3）选果留果方法　粗网网纹甜瓜，特别是阿鲁斯系列的精品类型，一株秧子只留一个瓜（图3-65）。

**图3-65　一株留一果**

试验留两个瓜（主蔓上下两果、两条侧蔓各一果、主蔓第一个果裂好开始留第二个果），整棚商品率并不高，网纹甜瓜不以产量定价，外观品质占比40%（口感和营养品质占比60%），节位不同，授粉时间就不同，裂纹时间也有差异，环境调控很难照顾周全，纹路形成也会有差异。

一般会选择临近3朵雌花授粉，乒乓球大小时进行疏果（图3-66），遵循的原则有以下4点。

首先，选择健康无斑点，无划痕，无损伤的瓜胎；其次，选择坐果枝粗的那一个；再次，选择瓜胎偏长的那一个；最后，以上全无显著差异，选留该棚至少该行瓜胎大小接近，高度接近的那一个。

图3-66 三选一疏果

（4）放风方法 温度达到上限（见本章第二节）之后，先开小口，棚温会先降低再缓慢上升，随后又一次达到上限，此时再将风口调大，如此重复，早春时节，大概只需调两次，当温度开始有缓缓降低的趋势时，再逐渐分次关闭风口。

网纹形成期，对上午的空气湿度要求较高，如果风口开25cm，10min湿度就从80%降到44.8%，建议风口5~10cm后慢慢打开，如果有自动放风设备操作会更简单，如果全凭人工放风，裂网期可以适度闷棚，有湿度的前提下，保持较短暂的高温对作物生长没有影响，纵网形成阶段可以到37℃再慢慢打开风口，横网形成阶段对湿度要求更高，如果棚中温度达不到，可延长闷棚时间，不过不能超过40℃。

## 第四章

**网纹甜瓜主要病虫害及综合防治技术**

　　保护地种植网纹甜瓜高投入、高产出，随着市民生活水平的提高，市场需求量不断增加，设施面积不断发展，保护地复种指数也不断提高，加剧了病虫害的发生与为害，严重影响甜瓜的品质和质量，学会辨识病虫害，加强综合防治，才能是农民的收益有所保障。

## 第一节　网纹甜瓜病害识别及防治

### 一、病毒病

1. 为害症状

　　主要有花叶、黄化皱缩及两种复合侵染混合型（图4-1至图4-5）。

　　（1）花叶型　新叶出现褪绿斑点，后发展为花叶或者深绿色病斑，叶面凹凸不平，植株端节间缩

图4-1　新叶畸形、变小

短、矮化，影响结瓜。

（2）坏死型　新叶皱缩扭曲，花器不发育，难于坐果，即使坐果也易形成畸形果。

图4-2　叶面凹凸不平

图4-3　植株节间缩短

图4-4　植株矮化

图4-5　果实表面不规则突起

2. 发生规律

甜瓜病毒病主要通过种子、蚜虫、机械摩擦等方式传播。高温、强光照、干旱等条件下，利于病毒的发生。发病适宜温度为18～26℃，36℃以上时一般不表现症状。植株生长不同时期抗病力不同，苗期到开花期为敏感期，授粉后抗病能力增强。因此，早期感病的植株受害严重，如开花前感病株，可能不结瓜或结畸形瓜。

3. 综合防治技术

（1）农业防治 ①播前用55℃温开水浸种10min后移入冷水中冷却，再催芽、播种，杀死种子表面的病毒。②加强田间管理，发现病株，及时拔除；打杈摘顶时防止人为传毒。

（2）防治蚜虫 蚜虫易导致病毒病的传播，因此应悬挂黄色粘虫板，诱杀有翅蚜。蚜虫始发期可采用50%敌敌畏乳油80ml/亩，或10%氯菊酯乳油4 000～10 000倍液，或20%哒嗪硫磷乳油500～1 000倍液，或25g/L高效氯氟氰菊酯乳油2 500～4 150倍液，或70%吡虫啉水分散粒剂1.5～2g/亩，等药剂进行叶面喷雾防治，用药时要注意叶正叶背用药均匀，达到良好防治效果。

（3）药剂防治 发病初期喷施6%寡糖·链蛋白可湿性粉剂75～100g/亩；或5%氨基寡糖素水剂86～107ml/亩；或50%氯溴异氰尿酸可溶粉剂45～60g/亩。每隔7～10d喷1次，连续2～3次。


## 二、细菌性果斑病

1. 为害症状

感染叶片，形成圆形、多角形病斑，叶缘开始呈"V"形水浸状、灰白色，后病斑中间变薄、干枯。在高湿条件下病斑背面有乳白色菌脓，干后变为一层薄膜，发亮。叶脉也可被浸染，并且病斑沿叶脉蔓延。感染果实，初为水浸状病斑，圆形或卵圆形，稍凹陷，呈绿褐色，斑点通常不扩大。初发病时只在皮层腐烂，严重时果肉腐烂（图4-6至图4-11）。

图4-6　幼苗染病

图4-7　叶背水渍状病斑

图4-8　果实上水浸状圆点

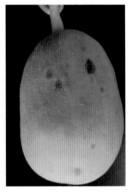

图4-9　病斑凹陷

图4-10　绿褐色病斑

图4-11　果实内部腐烂

2.发病规律

该病的远距离传播主要靠带菌种子，种表及种胚均可带。病田土壤表面病残体上的病菌及感病自生瓜苗、野生南瓜等，可作为下季或翌年瓜类作物的初侵染源。带菌种子萌发后，病菌就从子叶侵入，引起幼苗发病。

3.综合防治技术

（1）选择无病留种田　选择无果斑病发生的地区作为制种基地，并采取严格隔离措施，以防止病原菌感染种子。

（2）种子处理　①采种时种子处理，采种时种子与果汁、果肉一同发酵24～48h后，以1%盐酸浸种10min，然后彻底水洗、快速风（晒）干。②播种前种子消毒处理，甜瓜种子和用于嫁接的砧木都要进行药剂消毒处理。具体方法：可用40%福尔马林200倍液浸种1h，或1%盐酸浸种5min，或1%次氯酸钙浸种15min。紧接着用清水彻底冲洗3～4次后再催芽播种。一定要把握好药剂浓度和浸种时间。

（3）农业防治　生产田应及时清除病残体，与非葫芦科作物进行3年以上的轮作，对细菌性果斑病有一定的防治效果；应用地膜覆盖和滴灌设施，降低田间湿度；适时进行整枝、打杈，保证植株间通风透光；合理增施有机肥，增强植株生长势，提高植株抗病能力；发现病株，及时清除；禁止将发病田中用过的工具带到无病田中使用。

（4）生物防治　瓜类细菌性果斑病的防治药剂以抗生素类和铜制剂为主。

发病初期叶面喷施3%中生菌素可湿性粉剂500倍液；或2%氨基寡糖素水剂187.5～250ml/亩，每隔7d喷施1次，连续喷2～3次。预防和早期治疗具有较好效果。

（5）化学防治　发病初期叶片喷施77%氢氧化铜可湿

性粉剂1 500倍液，或20%异氰尿酸钠可湿性粉剂700～1 000倍液，或50%琥胶肥酸铜（DT）可湿性粉剂500～700倍液。每隔7d喷施1次，连续2～3次，可有效控制病害的发生和传播。田间施药时铜制剂与其他药剂尽量轮换使用，可降低抗药性。

## 三、枯萎病

### 1. 为害症状

主要表现为植株萎蔫并枯死，因此，又被称为萎蔫病和蔓割病。发病初期，整个植株从基部向顶端逐渐萎蔫，晴天的中午萎蔫症状最明显，开始时早晚可以恢复，几天后植株全部萎蔫，不再恢复；茎基部缢缩，表皮纵裂，在潮湿环境下，根茎部呈水渍状腐烂，形成褐色长条形病斑，表面可产生白色或粉红色霉层。剥开茎部，可见维管束呈褐色（图4-12、图4-13）。

图4-12　茎基部变褐皱缩　　　　图4-13　植株萎蔫状

2. 综合防治技术

（1）农业措施 ①轮作，与非瓜类作物进行5年以上的轮作倒茬，茬口以选择小麦、豆类、休闲地最好，也可采用洋葱和大蒜作为轮作作物，可明显减轻枯萎病的危害。②嫁接，嫁接是防治瓜类枯萎病的有效措施，最常用的砧木是南瓜和野生甜瓜砧木"夏特"，根系耐低温、耐渍湿、抗逆力强和吸肥力强，可促进植株生长旺盛，显著提高甜瓜抗枯萎病的能力。③抗性品种，抗病育种是防治枯萎病的重要手段。④栽培管理，合理施用磷、钾肥和充分腐熟的肥料；适当中耕，提高土壤透气性，促进根系粗壮，增强抗病力；忌大水漫灌，及时清除田间积水；发现病株及时拔除，收获后清除病残体。

（2）土壤消毒 ①太阳能土壤消毒技术，收获后的高温晴热季节，整地作畦，用黑地膜覆盖整好的畦，边缘压实，再搭建小棚，盖上透明的棚膜，保持15d以上，使土壤温度达到40℃以上累积时间满300～350h。②土壤药剂消毒技术，轮作困难地区，连作2年以上的大棚/田块，采用土壤药剂消毒技术。棉隆土壤消毒技术：深耕整地，用旋耕机打匀后，将98棉隆微粒剂（又称必速灭），35～40g/m²均匀撒施在土壤中，然后用旋耕机再次打匀。施药方法有全地撒施、沟施、条施等，每处理30cm深度所需剂量为30～50g/m²，施药后用密闭覆膜10～15d；揭去薄膜，按同一深度30cm进行松土，透气7d以上，再取易发芽种子做安全发芽试验，安全后才可进行育苗。③生物防治，预防或发病初期可选用4%嘧啶核苷类抗菌素水剂400倍液，或4%春雷霉素可湿性粉剂100～200倍液，或

10亿CFU/g解淀粉芽孢杆菌可湿性粉剂80～100g/亩，或6亿孢子/克哈茨木霉菌（特锐菌）可湿性粉剂330～500倍液，进行灌根，间隔5～7d，连续用药2～3次。④化学防治，发病初期可选用70%敌磺钠可溶粉剂250～500g/亩灌根或叶面喷雾；或98%噁霉灵可溶粉剂2 000～2 400倍液灌根；或15%络氨铜水剂200～300倍液灌根；或10%丙硫唑水分散粒剂600～800倍液根部及叶面喷雾；或50%甲基硫菌灵悬浮剂60～80g/亩灌根；或56%甲硫·噁霉灵可湿性粉剂600～800倍液灌根；40%五硝·多菌灵可湿性粉剂0.6～0.8g/株灌根；灌根施用的药剂建议每株灌根施用药液量为0.25kg，每隔7～10d 1次，连续防治2～3次。

## 四、白粉病

### 1. 为害症状

主要为害甜瓜的叶片，严重时亦为害叶柄和茎蔓，有时甚至可为害幼果。发病初期在叶片正面、背面出现白色小点，随后逐渐扩展呈白色圆形病斑，多个病斑相互连接，从而使叶面布满白粉。随着病害越来越严重，病斑的颜色逐渐变为灰白色，后期会在病斑上产生黑色小点，发病严重的情况下病叶枯黄坏死（图4-14、图4-15）。

### 2. 综合防治技术

（1）抗病品种　选育抗白粉病甜瓜品种，目前生产中可用的网纹甜瓜抗病品种包括柏格，帅果5号等。

（2）科学管理　网纹甜瓜收获后，清除田间病株残体，减少侵染源。培育壮苗，提高植株抗病能力。施足农家肥，防止植株徒长和早衰。及时整枝打杈，保证植株通风透光良好。合理浇水，适时揭棚通风排湿。

图4-14 叶片正面出现白色小点

图4-15 病斑逐渐连片

（3）生物防治 发病初期可选用1 000亿芽孢/g芽孢杆菌可湿性粉剂120～160g/亩，2%农抗120或2%武夷菌素水剂200倍液，施药时注重叶正面、背面均匀着药，间隔7d用药1次，连续用药2～3次。

（4）化学防治 发病初期及时采用50%嘧菌环胺水分散粒剂75g/亩，或20%三唑酮乳油2 000倍液，或40%氟硅唑乳油10～12ml/亩，或25%乙嘧酚磺酸酯微乳剂15～18g/亩，或5%己唑醇90～110ml/亩，交替用药，间隔5～7d用药1次，连续用药2～3次。

## 五、灰霉病

### 1.为害症状

叶片、茎蔓、花和果实均可受害，以果实为主。发病初期引起植物组织腐烂，后期会在发病部位出现灰色霉层，故得

名为灰霉病。叶片发病从叶尖或叶缘开始，呈现"V"字形病斑。花瓣染病导致花器枯萎脱落，幼瓜发病通常在果蒂部，如烂花和烂果附着在茎部，会引起茎秆腐烂，造成植株死亡（图4-16、图4-17）。

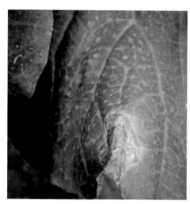

**图4-16 叶缘形成"V"字形病斑**　　　　**图4-17 叶背灰色病斑**

2. 发生规律

病菌以菌核、分生孢子或菌丝体在土壤内及病残体上越冬。环境适宜时，菌丝体产生分生孢子，菌核萌发形成子囊盘，产生子囊，分生孢子或子囊孢子借气流、浇水或农事操作传播为害。

3. 综合防治技术

由于目前还未发现抗灰霉病的抗病品种，生产中主要采用以下措施进行防治。

（1）农业防治　及时摘除病叶并销毁，加强大棚通风排湿工作。合理施肥，注重氮、磷、钾的科学配比。保证阳光充足和合理的种植密度。

（2）生物防治　发病初期可选用0.3%丁子香酚可溶液剂

90～120ml/亩，或0.5%小檗碱水剂200～250ml/亩，或16%多抗霉素可溶粒剂20～25g/亩，或1.5%苦参·蛇床素水剂40～50ml/亩，或21%过氧乙酸水剂140～233g/亩，交替用药，间隔5～7d用药1次，连续用药2～3次。用药时注意选择天气晴朗的上午用药，防治棚室湿度过高。

（3）化学防治　发病初期至中期可选用50%腐霉利可湿性粉剂50～100g/亩，或50%抑菌脲可湿性粉剂50～100g/亩，或50%异菌·腐霉利悬浮剂60～70ml/亩，或15%腐霉·百菌清烟剂200～300g/亩，或40%嘧霉·百菌清悬浮剂350～400g/亩。用药时注意选择天气晴朗的上午用药，防治棚室湿度过高，起到良好的防治效果，病情严重连喷2～3次，每次用药间隔7～10d。

## 六、霜霉病

### 1. 为害症状

主要为害叶片，叶面上产生浅黄色病斑，沿叶脉扩展呈多角形，清晨叶面结露或吐水时病斑呈水浸状，后期病斑变成浅褐色或黄褐色病斑。连续降水高湿条件下，病斑相互连接形成深褐大斑，边缘向上卷曲，并很快干枯破碎，条件适宜时，快速蔓延，8～15d可使全田叶片枯死（图4-18、图4-19）。

**图4-18　叶片黄褐色病斑**

2. 发生规律

病害多从近根部的叶片发生，经风雨或灌溉水传播。病菌对温度的适应性较宽，15～24℃均可发病；病菌萌发和侵入对湿度要求较高，叶片有水滴或水膜时才可侵入，相对湿度高于83%时病害发展迅速。

3. 综合防治技术

图4-19　叶背灰褐色病斑及黑色霉层

（1）抗病品种　目前在生产中无高抗品种，其中，品种"柏格"为中抗。

（2）农业防治　进行搭架栽培，保持通风透光，降低田间湿度。提高整地、浇水质量，避免与瓜类植物邻作或连作。合理密植，增施有机肥，实行氮、磷、钾配合施用，及时整蔓。

（3）生物防治　采用3%多抗霉素可湿性粉剂150～200倍液，或0.3%苦参碱乳油5.4～7.2g/hm²，或0.5%小檗碱水剂12.5～18.75g/hm²，进行喷雾。

（4）化学防治　选用80%三乙膦酸铝可湿性粉剂117.5～235g/亩，或50%福美双可湿性粉剂500～1 000倍液，或80%代森锰锌可湿性粉剂170～250g/亩，或25%氟吗啉可湿性粉剂30～40g/亩，或50%烯酰吗啉悬浮剂35～40ml/亩，进行喷雾。隔7～10d 1次，连续防治3～4次，注意轮换用药，喷后4h遇雨须补喷。

## 七、叶斑病

1. 为害症状

各生育期都可发病，以生长中、后期为最严重，主要侵害叶片。发病初期叶片背面出现水渍状浅黄色小点，逐渐扩大成圆形至不规则形褐色病斑，后期发展成近圆形或不规则形暗褐色坏死斑。发病后期病斑中心浅褐色、外围由深褐色、黄萎的晕圈包围，湿度大时病斑上产生黑褐色霉状物。病斑多时融合为大坏死斑，叶片干枯而死（图4-20，图4-21）。

图4-20 叶正侵染初期形成黄色小点　图4-21　不规则形暗褐色坏死斑

2. 综合防治技术

（1）农业防治　采用无病害甜瓜幼苗或嫁接苗；土壤深耕处理，增加土壤肥力；春季至早夏种植，及时整枝、打杈，防止瓜秧过密，影响通风透光；及时清理病株残体，减少二次侵染；避免重茬或与葫芦科、茄科作物接茬，选择与非寄主作物实行两年以上的轮作倒茬。

（2）种子消毒处理　采用100倍的甲醛溶液浸种1.5～

2h，清洗后催芽或直接播种。种壳张开的瓜种用1%的稀盐酸溶液浸种20min，清洗后催芽。

（3）化学防治　发病初期进行药剂防治，可选用75%百菌清可湿性粉剂107～147g/亩，或50%福美双可湿性粉剂500～1 000倍液，或70%甲基托布津可湿性粉剂600倍液，或80%代森锰锌可湿性粉剂167～200g/亩。

## 八、蔓枯病

甜瓜蔓枯病是世界范围内的真菌性土传病害，在我国西甜瓜各产区均有发生，严重影响甜瓜的产量和品质。

### 1. 为害症状

主要为害茎蔓，也为害叶片和叶柄。叶片受害，在叶缘出现黄褐色"V"字形病斑，具不明显轮纹，后整个叶片枯死。茎蔓受害，在茎节部出现淡黄色、油浸状、椭圆形至梭形斑，病部龟裂，分泌黄褐色胶状物，干燥后呈红褐色或黑色块状。生产后期病部逐渐干枯，凹陷，呈灰白色，表面散生黑色小点。果实受害，病斑圆形，初呈油渍状、浅褐色，后变为苍白色，病斑上生有很多小黑点，同时出现不规则圆形龟裂斑，湿度大时，病斑不断扩大腐烂（图4-22，图4-23）。

### 2. 发生规律

病菌主要随病残体在土壤中或附着在架柴上越冬，种子也可带菌传播。露地种植通常夏秋季发病较重，保护地生产一般多年重茬生产棚室发病多，以春秋两季病害严重，常引起死秧。一旦条件适宜，病菌即通过雨水、浇水、气流或农事操作等传播后发病。空气湿度高于85%，平均气温18～25℃适宜发病。

图4-22　为害茎秆　　　　图4-23　为害茎秆和叶片

3. 综合防治技术

（1）农业防治　①合理轮作。有条件的地区实行2～3年与非瓜类作物轮作。②种子处理。可用52～55℃温水浸种20～30min后催芽播种，也可用种子重量0.3%的50%扑海因可湿性粉剂拌种。③栽培管理。拉秧后彻底清除瓜类作物的枯枝落叶及残体，集中高温堆沤发酵，杀灭病菌。施用充分腐熟的有机肥，适当增施磷肥和钾肥，生长中后期注意适时追肥，避免脱肥。发病后加强管理，保护地注意通风。

（2）化学防治　发病后及时施药防治，药剂科学合理混配，轮换使用。可选用的药剂有：70%甲基托布津可湿性粉剂600倍液，或50%扑海因可湿性粉剂800倍液，或43%菌力克悬浮剂5 000倍液喷雾，或32.5%嘧菌酯·苯醚甲环唑（阿米妙收）悬浮剂1 500倍液，每隔7～10d喷1次，连续防治2～3次，重点喷雾发病部位。发病初期，还可将药液涂抹到茎蔓上的发病部位进行治疗，防止病害蔓延扩展。

## 九、根结线虫病

### 1. 为害症状

主要为害根部，主根、侧根和须根均可被侵染，以侧根和须根受害为主。根部受害后形成大小不等的淡黄色葫芦状根结，剥开根结可见鸭梨状乳白色雌虫。根结上通常可长出细弱的新根，随根系生长再度侵染，形成链珠状根结。初期病苗表现为叶色变浅，高温时中午萎蔫。重病植株生长不良，显著矮化、瘦弱，叶片萎垂，由下向上逐渐萎蔫，影响结实，直至全株枯死（图4-24、图4-25）。

图4-24 根部形成链珠状根结　　图4-25 植株地上部萎蔫

### 2. 综合防治技术

（1）选用抗（或耐）根结线虫砧木　可供选择的抗性砧木品种有"勇砧""京欣砧4号""夏特"等。

（2）健康育苗　选择健康饱满的种子，50～55℃条件下温汤浸种15～30min，催芽露白即可播种。苗床和基质消毒采用熏蒸剂覆膜熏蒸，每平方米苗床使用0.5%福尔马林药液10kg，覆膜密闭5~7d，揭膜充分散气后即可育苗；也可采用非熏蒸性药剂拌土触杀，每平方米苗床使用2.5%阿维菌素乳油5~8g。

（3）定植期防治　10%噻唑膦颗粒剂1.5kg/亩拌土均匀撒施、沟施或穴施；或0.5%阿维菌素颗粒剂18~20g/亩拌土撒施、沟施或穴施；或5%硫线磷颗粒剂0.35~0.45kg/亩拌土撒施；或5%丁硫克百威颗粒剂0.25~0.35kg/亩拌土撒施。

（4）生长期防治　药剂拌土开沟侧施或兑水灌根：10%噻唑膦颗粒剂1.5kg/亩，或0.5%阿维菌素颗粒剂15~17.5g/亩，或5%硫线磷颗粒剂0.3~0.4kg/亩，或5%丁硫克百威颗粒剂0.2~0.3kg/亩，或3.2%阿维·辛硫磷颗粒剂0.3~0.4kg/亩。

（5）收获后防治　药剂熏蒸：98%棉隆10~15kg/亩，或35%威百亩水剂100~150ml/m²，或氯化苦原液40~60g/m²，或1,3-二氯丙烯（1,3-D）液剂10~15g/m²等；也可将氯化苦和其他熏蒸剂混合熏蒸，如氯化苦+1,3-二氯丙烯（1：2）~（2：1）复配，氯化苦+二甲基二硫（1：1复配），氯化苦+碘甲烷（2：1）~（3：1）复配。

（6）太阳能—作物秸秆覆膜高温消毒　收获完毕后即可进行，最好在夏休季应用，处理时间可根据茬口安排适当伸缩。可用的作物秸秆：玉米鲜秸秆6 000~9 000kg/亩、高粱鲜秸秆6 000~9 000kg/亩、架豆鲜秸秆5 000~8 000kg/亩。处理后通常可保障1~2年内安全生产。

（7）轮作　对于重病田，可在产后期用菠菜等高感速生叶菜诱集，并在下个茬口安排葱蒜等颉颃作物轮作；对于轻病田，可在休闲期诱集。

# 第二节 网纹甜瓜虫害识别及防治

## 一、瓜蚜

### （一）形态学特征

（1）卵 椭圆形，长约0.50～0.59mm，宽约0.23～0.38mm，初为橙黄色，后变为黑色，有光泽。

（2）若蚜 夏季为黄色或黄绿色，春秋季为蓝灰色，复眼红色。无尾片，共4龄，体长0.5～1.4mm。

（3）无翅胎生雌蚜 体长1.5～1.9mm。颜色水季节而变化，夏季黄绿色，春秋季深绿色，触角5节，后足胫节膨大，尾片黑色，两侧各具刚毛3根。

（4）有翅胎生雌蚜 体长椭圆形，较小，长1.2～1.9mm，体黄色、浅绿色或深蓝色，腹部背片各节中央均有1条黑色横带，触角6节，翅无色透明，翅痣黄色，尾片常有毛6根。

### （二）为害症状

成虫和若虫多群集在叶背、嫩茎和嫩梢刺吸汁液，下部叶片密布蜜露，潮湿时变黑形成煤污病，影响光合作用。瓜苗生长点被害可导致枯死；嫩叶被害后卷缩；瓜苗期严重被害时能造成整株枯死；成

图4-26 蚜虫叶背为害

长叶受害，会干枯死亡，缩短结瓜期，造成减产。蚜虫为害更重要的是可传播病毒病，植株出现花叶、畸形、矮化等症状，受害株早衰（图4-26至图4-28）。

图4-27　蚜虫为害幼果　　　图4-28　生长点畸形矮化

（三）发生特点

每年夏季4—6月发生，秋季10月中旬发生，繁殖的适温为16～22℃。

（四）综合防治

1. 农业防治

清除田间杂草，彻底清除瓜类、蔬菜残株病叶等。保护地可采取高温闷棚法，在收获完毕后，先用塑料膜将棚室密闭3～5d，消灭棚室中的虫源。

2. 物理防治

4中旬开始至拉秧，可在瓜秧上方20cm悬挂黄色诱虫板诱杀（市售，25cm×40cm），一亩地悬挂20～25块。当粘满蚜虫时及时更换。利用银灰色薄膜代替普通地膜覆盖，而后定植

或播种，或早春在大棚通风口挂10cm宽的银色膜，趋避蚜虫飞入棚内。

3. 生物防治

（1）生物农药　使用5%鱼藤酮乳油100ml/亩，或2%苦参碱水剂30～40ml/亩，或23%银杏果提取物可溶液剂100～120g/亩，叶面喷雾。

（2）生物天敌　①释放时期，黄板监测在出现两头蚜虫即开始防治。人工观察在作物定植后每天观察，一旦植株上发现蚜虫，即应开始防治。②释放数量与次数，建议在作物的整个生长季节内，释放3次瓢虫。其中，预防性释放每棚每次释放100张卵卡，约2 000粒卵。治疗性释放需根据蚜虫发生数量进行确定，一般瓢虫与蚜虫的比例应达到1:（30～60），以蚜虫"中心株"为重点进行释放，2周后再释放1次。③释放方法，释放卵于傍晚或清晨将瓢虫卵卡悬挂在蚜虫为害部位附近，以便幼虫孵化后，能够尽快取食到猎物，悬挂位置应避免阳光直射。释放幼虫或成虫则为将装有瓢虫成虫或幼虫的塑料瓶打开，将成虫或幼虫连同介质一同轻轻取出，均匀撒在蚜虫为害严重的枝叶上。

4. 化学防治

蚜虫始发期可选用50%敌敌畏乳油80ml/亩，或10%氯菊酯乳油4 000～10 000倍液，或20%氰戊菊酯乳油20～40g/亩，或20%哒嗪硫磷乳油500～1 000倍液，或25g/L高效氯氟氰菊酯乳油2 500～4 150倍液，或70%吡虫啉水分散粒剂1.5～2g/亩，或0.12%噻虫嗪颗粒剂30～50kg/亩，或5%啶虫脒微乳剂20～40ml/亩等药剂进行叶面喷雾防治，用药时要注意叶正叶背用药均匀，达到良好防治效果。也可以选择15%异丙威烟剂250～350g/亩，进行烟剂熏蒸。注意轮换用药，延缓抗药性产生。

## 二、红蜘蛛

### （一）形态学特征

二斑叶螨（*Tetranychus urticae* Koch）又名二点叶螨，俗称红蜘蛛、火蜘蛛、火龙、沙龙等，属于节肢动物门Arthropoda蛛形纲Arachnida真螨目Acariformes叶螨科Tetranychoidea叶螨属*Tetranychus*。

二斑叶螨其一生要经历4个阶段，包括卵期、幼螨期、若螨期和成螨期，在幼螨期和每个若螨期之后各有一个静止期，该时期的叶螨不动不取食，在适当的环境条件下该时期为1～3d，之后脱皮进入下一时期。

（1）成螨 雌成螨似椭圆形，体长在0.45～0.60mm，宽0.30～0.40mm。体色不同于常见的红色害螨，呈浅绿或黑褐色。身躯两侧各有13对背毛，躯体共有4对足，1对"山"字形褐斑。雄成螨体型似菱形，体长在0.30～0.40mm，宽0.20～0.30mm，体色呈黄绿色或淡灰绿，行动灵活且爬行速度较快（图4-29）。

（2）卵 形状似圆球形，直径约0.13mm，初产呈无色透明，后略带淡黄色，近孵化时显出2个红点（图4-30）。

（3）幼螨 似半球形，体长0.15mm，体色为透明或黄绿色，躯体两侧有3对足，眼微红，体背无斑或不显斑。

（4）若螨 若螨初期，体长为0.20mm，似椭圆形，变为4对足，体色为黄绿色或深绿色，眼红色，体背两侧开始出现二斑。若螨后期，体长0.36mm，黄褐色，体型类似成螨。

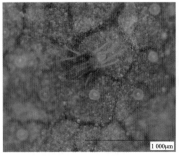

图4-29　成螨和卵　　　　　　图4-30　成螨

（二）为害症状

二斑叶螨喜聚集在叶片背面，主要以成螨和幼若螨为害植株，其刺吸植物叶片，导致叶片变白、干枯、脱落，植株生长停滞，轻者影响植物正常生长，严重时可导致植株失绿枯死或者全株叶片干枯脱落，影响甜瓜的产量和质量（图4-31）。

图4-31　为害叶片

（三）发生特点

二斑叶螨在我国每年发生12代以上，具有世代重叠现象，其生殖方式为有性生殖和孤雌生殖两种，但孤雌生殖仅产生雄性后代。叶螨一般于每年3月开始活动产卵，夏季6—7月高温干旱时为害最严重，遇到雨季其虫口密度会大量下降，尤其干旱年份易于大发生。大棚内由于遮雨，通风后气温高时发生、传播快。

（四）综合防治

1. 农业防治

秋末清除田间残株败叶，烧毁或沤肥；开春后种植前铲除田边杂草，清除残余的枝叶，可消灭部分虫源。天气干旱时，注意灌溉，增加瓜田湿度，不利于红蜘蛛发育繁殖。

2. 生物防治

生物防治是防治策略中可持续治理的重要组成部分。利用智利小植绥、巴氏新小绥螨等进行防治时，可先喷洒农药降低虫口密度，再释放天敌，效果最佳。此外，瓢虫、蠋蝽、蜘蛛等天敌也可结合当地情况进行选择。

（1）智利小植绥螨 ①早期监测：在害虫发生初期、密度较低时（一般每叶虫数在2头以内）应用天敌，害螨密度较大时，应先施用一次药剂进行防治，间隔10～15d后再释放天敌。天气晴朗、气温超过30℃时宜在傍晚释放，多云或阴天可全天释放。②释放数量与次数：每亩释放5 000～10 000头，一般整个生长季节释放2～3次，如释放后需使用化学杀虫杀螨剂防治其他虫害，可能会将智利小植绥螨杀灭，需在用药后10～15d再补充释放天敌。③释放方法：撒施法，将智利小植绥螨包装瓶剪开，将智利小植绥螨连同培养料一起均匀地撒施于植物叶片上，2d内不要进行灌溉，以利于洒落在地面的智利小植绥螨转移到植株上。

（2）巴氏新小绥螨 ①早期监测：在害螨害虫发生初期、密度较低时（一般每叶害螨或害虫数量在2头以内）应用天敌，害螨密度较大时，应先施用一次药剂进行防治，间隔10～15d后再释放天敌。天气晴朗、气温超过30℃时宜在傍晚释放，多云或阴天可全天释放。②释放数量与次数：每亩释放14 000～20 000头，一般整个生长季节释放2～3次，如释放后需使用化学杀虫杀螨剂防治其他虫害，可能会将巴氏新小绥螨杀灭，需在用药后10～15d再补充释放天敌。③释放方法：撒施法，将巴氏新小绥螨包装袋剪开，将巴氏新小绥螨连同培养料一起均匀地撒施于植物叶片上，2d内不要进行灌溉，以利于洒落在地面的巴氏新小绥螨转移到植株上。

3.化学防治

叶螨大发生时主要采用化学药剂来进行防治，在田间防治时要根据不同时期叶螨的虫态进行合理用药，较好的杀卵药剂有哒螨灵、噻螨酮、四螨嗪等，较好的杀成螨药剂有虫螨腈、阿维菌素和联苯肼酯等。早春气温微升，田间叶螨多为卵孵化初期，应该选用杀卵活性较好的药剂；盛夏温湿度适宜，是叶螨发生的高峰期，此时田间卵、若螨和成螨综合发生，应该将对杀卵、若螨或成螨效果好的药剂混合使用，可选用的药剂有1.8%阿维菌素乳油3 000～5 000倍液，或15%三唑锡悬浮剂1 500倍液，或73%克螨特乳油1 000～1 500倍液，或30%腈吡螨酯悬浮剂2 000～3 000倍液，或15%哒螨灵乳油2 250～3 000倍液等。

## 三、蓟马

### （一）形态特征

甜瓜上发生的主要是棕榈蓟马。

棕榈蓟马*Thrips palmi* Karny隶属缨翅目Thysanoptera蓟马科Thripidae蓟马属*Thrips*，又名棕黄蓟马、瓜蓟马、南黄蓟马、节瓜蓟马，是甜瓜作物上的主要害虫之一。

棕榈蓟马成虫体长1mm，金黄色，头近方形，复眼稍突出，单眼3只，红色，排成三角形。单眼间鬃位于单眼间外缘连线之外。触角7节，翅2对，前胸后角鬃粗长；后缘鬃3对，内侧的1对最长。后胸盾片前中部有7~8条横纹，其后及两侧为较密纵纹；前缘鬃在前缘上，前中鬃不靠近前缘，有一对两孔（钟感器）。前翅上脉鬃不连续，基部鬃7根，端鬃3根；下脉鬃连续，12根。腹部节二背片侧缘纵列鬃4根；节八背片后背缘梳完整。若虫黄白色，复眼红色。

（二）为害症状

瓜蓟马成虫活跃、善飞、怕光，多在节瓜嫩梢或幼瓜的毛丛中取食，少数在叶背为害。以成虫和若虫锉吸瓜类嫩梢、嫩叶、花和幼瓜的汁液，叶片受害后在叶脉间留下灰色斑，并可联成片，叶片上卷，新叶不能展开；植株生长缓慢，节间缩短；花被害后常留下灰白色的点状食痕，严重时连片呈半透明状，为害严重的花瓣卷缩，使花提前凋谢，影响结实及产量；幼瓜受害后出现畸形瓜，质变硬，严重会导致落瓜（图4-32、图4-33）。

（三）发生特点

雌成虫主要孤雌生殖，也偶有两性生殖；卵散产于叶肉组织内，每雌产卵22~35粒，若虫喜暗畏光，到3龄末期停止取食，坠落在表土，入土化蛹。一年发生10多代，在温室可常年发生。以成虫在枯枝落叶下越冬。北京地区大棚内4月初开始活动为害，5月进入为害盛期。喜温暖干燥，在多雨季节种

群密度显著下降。

图4-32 为害花器　　　　　　　图4-33 为害叶片

（四）综合防治

1. 物理防治

在夏季温室闲置时，可采取高温闷棚。将棚温升至45℃以上，保持15～20d以上，可有效降低虫源基数。生产上采用蓝色粘板对蓟马进行诱杀，在距生长点上约20～30cm悬挂，每间隔悬挂或插在大棚内适当位置，可取得一定诱杀效果，同时可监测蓟马的种群消长情况。

2. 农业防治

目前设施种植的农业防治主要采用覆盖地膜的方式，大大减少出土成虫、若虫的发生与为害。及时处理大棚里的枯枝残叶和周边杂草，采取集中处理方式。增强施肥和浇水等人为栽培管理，促进植株生长健壮、良好，可明显减少蓟马的危害。

3. 生物防治

（1）生物药剂　蓟马发生初期，可选用25g/L多杀霉素悬浮剂65～100ml/亩，或0.3%苦参碱可溶液剂150～200ml/亩等生物药剂进行叶面喷雾，叶正叶背均匀用药。

（2）生物天敌 东亚小花蝽是蓟马的优势天敌，能够较好控制住蓟马的数量。具体使用方法如下：①早期监测，出现蓟马成虫即开始防治。轻度发生：色板上出现1~2头蓟马，每朵花上蓟马数量低于2头。重度发生：色板上蓟马大于2头，每朵花上蓟马大于10头。②释放量，预防性时，释放量为成虫或若虫0.5~1头/m²，连续释放2~3次，间隔7d放一次。轻度发生，释放量为成虫或若虫1~2头/m²，连续释放2~3次，间隔7d放一次。③释放方法，撒施法：打开装有小花蝽的包装瓶，连同包装介质一起均匀撒在植株花和叶片上。④释放时间，夏、秋季节应在晴天10时之前、16时之后释放小花蝽，可避免棚室内温度过高，小花蝽难以适应。春季和冬季可选择在10—17时释放小花蝽，可避免棚室内早晚露水对小花蝽活动的影响。

4.化学防治

低龄若虫盛发期前叶面喷施60g/L乙基多杀菌素悬浮剂40~50ml/亩，或40%呋虫胺可溶粉剂15~20g/亩，或21%噻虫嗪悬浮剂18~24ml/亩，或2%甲氨基阿维菌素苯甲酸盐微乳剂9~12ml/亩，或10%啶虫脒乳油15~20ml/亩，或240g/L虫螨腈悬浮剂20~30ml/亩。为防止蓟马抗药性的快速产生，应尽量交替用药。

## 四、粉虱

### （一）形态特征

典型温室白粉虱*Trialeurodes vaporarionm* Westwood属同翅目Homoptera粉虱科Aleyrodiclce。

（1）卵　卵长0.2～0.5mm，长椭圆形，基部有卵柄，柄长0.02mm，从叶背的气孔插入植物组织内。卵初产淡黄色，后渐变褐色，孵化前变黑色。

（2）若虫　1龄若虫体长约0.29mm，长椭圆形；2龄若虫约0.37mm；3龄若虫约0.51mm，淡绿色或黄绿色，足和触角退化，紧贴在叶片上营固着生活；4龄若虫又称伪蛹，体长0.7～0.8mm，椭圆形，初期体扁平，逐渐加厚，中央略高，黄褐色，体背有长短不齐的蜡丝，体侧有刺。

（3）成虫　成虫体长1～1.5mm，淡黄色，复眼赤红，刺吸式口器。双翅白色，表面覆盖蜡粉，翅端半圆形遮住腹部，翅脉简单，沿翅外缘有一小段颗粒。雌虫个体明显大于雄虫，雄虫腹部细窄，腹部末端外生殖器为黑色。该虫停息时双翅在体上合成屋脊状，如蛾类。

（二）为害症状

白粉虱成虫和若虫群集在叶片背面，刺吸植物汁液进行危害，造成叶片褪绿枯萎，果实畸形僵化，引起植株早衰，影响减产。该虫能分泌大量蜜液，严重污染叶片和果实，往往引起煤污病的大发生，使甜瓜失去商品价值（图4-34、图4-35）。

（三）发生规律

在园艺作物的温室中冬季可继续为害，一年可发生10余代，世代重叠现象严重。各虫态在甜瓜上分层次分布，新产的卵多在顶端嫩叶，而变黑的卵和初龄幼虫多在稍向下的叶片上，老龄幼虫则在再向下的叶片上，蛹及新羽化的成虫主要集聚于最下层的叶片上。成虫具有强烈的趋黄性和趋嫩性，不善于飞翔，随着甜瓜植株的生长不断追逐顶部嫩叶产卵。

图4-34 叶片霉污

图4-35 为害叶片

（四）综合防治

1. 农业防治

育苗房和生产温室分开。育苗前彻底熏杀残余虫口，清理杂草和残株，在通风口密封尼龙纱，控制外来虫源。避免甜瓜与黄瓜、番茄、菜豆混栽。温室、大棚附近避免栽植黄瓜、番茄、茄子、菜豆等粉虱发生严重的蔬菜。

2. 生物防治

（1）生物农药　在粉虱发生初期，可叶面喷施5% d-柠檬烯可溶液剂100～125ml/亩，或200万CFU/ml耳霉菌悬浮剂150～230ml/亩，或或0.3%的印楝素乳油1 000倍。

（2）生物天敌　烟盲蝽。定植前15d，以0.5～1头/m²的密度在苗床上释放烟盲蝽成虫，同时需投放人工饲料。开花坐果期：可在粉虱未发生时释放烟盲蝽预防，具体方法为"L"形释放法，即把烟盲蝽重点释放在棚室内靠近出入口的第一行植株和靠近走道的每行的第一株上。释放数量为1～2头/m²。在粉虱发生重点区域，按照益害比1∶5释放烟盲蝽大龄若虫和

成虫。7d后根据粉虱动态补充释放1次。

3. 物理防治

白粉虱对黄色敏感，可在温室内设置黄板诱杀成虫。方法同瓜蚜防治。

4. 药剂防治

扣棚后将棚门、窗全部密闭，用35%的吡虫啉烟雾剂熏蒸，也可用灭蚜灵、异丙威烟剂熏蒸，消灭迁入温棚内越冬的成虫。当被害植物叶片背面平均有3～5头成虫时，进行喷雾防治。选用25%的扑虱灵可湿性粉剂2 500倍喷雾；或25%噻虫嗪水分散粒剂4～8g/亩；或40%螺虫乙酯悬浮剂12～18ml/亩；或60%呋虫胺水分散粒剂10～17g/亩；或10%吡虫啉可湿性粉剂1 000倍液；或3.5%锐丹乳油1 200倍液。为延缓害虫抗药性的产生，防治用药时注意交替用药。

## 五、潜叶蝇

目前，调查共发现5种潜叶蝇，分别为豌豆彩潜蝇、葱斑潜蝇、美洲斑潜蝇、番茄斑潜蝇和南美斑潜蝇，其中，豌豆彩潜蝇和美洲斑潜蝇为优势种。甜瓜生产中主要以美洲斑潜蝇为害最为严重。

（一）形态特征

（1）卵　乳白色，半透明，将要孵化时呈浅黄色，卵大小为（0.2～0.3）mm×（0.1～0.15）mm。

（2）幼虫　蛆状。共3龄，初孵时半透明，长0.5mm，老熟幼虫体长3mm。幼虫随着龄期的增加，逐渐变成淡黄色，后气门呈圆锥状突起，顶端三分叉，各具一开口。

（3）蛹　椭圆形，橙黄色，后期变深，后气门突出，与

幼虫相似，长1.3～2.3mm（图
4-36）。

（4）成虫 体较小，体色
灰黑，虫体结实。第三触角节鲜
黄色，无角刺。雌虫体长2.5mm，
雄虫1.8mm，翅展1.8～2.2mm。

（二）为害症状

潜叶蝇是一类世界性的微
小害虫，成虫产卵于瓜叶上，孵
化后幼虫钻入叶内，主要通过幼
虫蛀食寄主叶片，产生不规则虫
道，即"潜道"来为害寄主，同
时雌成虫也可刺伤寄主叶片并进
行取食，影响植物的光合作用，
降低作物产量，严重时甚至导致
绝收。该害虫不仅个体微小，不
易察觉，并且幼虫蛀食叶片形成
潜道作为庇护所，使得其防治十
分困难（图4-37）。

图4-36 蛹

图4-37 为害叶片

（三）发生规律

在北京地区，田间6月初见，7月中至9月下旬是露地的主
要危害时期，10月上旬后虫量逐渐减少。在保护地种植条件
下通常有两个发生高峰期，即春季至初夏和秋季，以秋季为
重。该虫在北京地区自然条件下不能越冬，保护地是该虫越冬
的主要场所。

**（四）综合防治**

（1）农业防治　使用充分腐熟的有机肥，避免施用未经腐熟的有机肥料而招致成虫来产卵。早春和秋季育苗及定植前，彻底清除田内外杂草、残株、败叶，并集中烧毁，减少虫源。种植前深翻整地，适时灌水和深耕，20cm以上的深耕和适时灌水浸泡，均能消灭蝇蛹，两者结合进行效果更好。

（2）物理防治　高温闷棚和冬季低温冷冻处理。在夏季换茬时，将棚门关闭，使棚内温度达50℃以上，然后持续2周左右。在冬季让地面裸露1～2周，均可有效杀灭美洲斑潜蝇。黄板诱杀可利用橙黄色的黄板粘虫板，诱蝇效果明显。田间每亩挂黄色粘虫卡20片左右，每10d更换1次。

（3）药剂防治　掌握成虫盛发期，选择成虫高峰期、卵孵化盛期或初龄幼虫高峰期用药。防治成虫一般在上午8～11时露水干后喷洒，可选用19%溴氰虫酰胺悬浮剂2.8～3.6ml/m²（苗床喷淋），或80%灭蝇胺水分散粒剂15～18g/亩，或31%阿维·灭蝇胺悬浮剂22～27ml/亩，每隔15d喷1次，连喷2～3次。应采用作用机制不同的药剂交替使用，延缓抗性的产生。

## 六、瓜螟

瓜绢螟又名瓜螟、瓜野螟，幼虫俗称小青虫。

**（一）形态特征**

（1）成虫　体长11～15mm，翅展22～26mm，腹部除1、7、8节为黑褐色外，头部及胸部浓黑褐色，其余为白色，且腹部末端有一簇黄褐色毛丛。翅面白色带丝绢般闪光，前后翅缘均有1条褐色毛绒宽带，中间为白色（图4-38）。

（2）卵 扁平椭圆形，淡黄色，表面有龟甲状网纹。

（3）幼虫 瓜绢螟幼虫共5龄，幼虫胸腹部草绿色，其中老熟幼虫亚背线较粗、白色（图4-39）。

（4）蛹 蛹长14mm，浓褐色，头部光整尖瘦，翅基伸至第六腹节，有薄茧（图4-40）。

图4-38 成虫

图4-39 幼虫

图4-40 蛹

（二）为害症状

幼虫以为害甜瓜的叶片和果实为主。为害叶片时，初孵低龄幼虫常在叶背啃食叶肉形成灰白色斑或在嫩梢上取食造成缺口缺刻；随着虫龄增大，幼虫直接在叶片的正反面啃食叶片；3龄以上幼虫还可吐丝将叶片或嫩梢缀合起来，躲于其中

取食。为害严重时造成植株叶片大量穿孔或仅剩叶脉。为害果实时，可啃食甜瓜等寄主的果皮，或直至蛀入果实和茎蔓内为害，使果实失去食用价值（图4-41）。

**图4-41　为害幼瓜**

（三）发生规律

瓜绢螟在北京地区一年可发生4~5代，一般从5月开始，就有幼虫出现为害，7—9月为为害的高峰期，11月后就以老熟幼虫或蛹的形式在枯叶或土表中越冬。该害虫生长发育适宜温度为26~30℃、适宜的相对湿度为70%~80%，因此，温暖、湿润的条件下，发生较为严重。

（四）综合防治

（1）农业防治　瓜果采摘完毕后，及时清理瓜蔓等植株残体和种植地周边杂草；人工摘除卷叶或幼虫群集的叶片、果实，带出田外集中销毁；7—8月休闲期及时翻耕土壤晒田。

（2）物理防治　采用频振式或微电脑自控灭虫灯，诱杀成虫，还可以减少蓟马、白粉虱的为害。

（3）生物防治　生物农药的施用可在瓜绢螟卵孵化始盛期，3龄幼虫出现高峰期前，选用16 000 IU/mg苏云金杆菌（Bt）可湿性粉剂800倍液，或1%印楝素乳油750倍液，或3%苦参碱水剂800倍液喷雾防治。

（4）化学药剂　在瓜绢螟卵孵化始盛期，3龄幼虫出现高峰期前（即幼虫尚未缀合叶片前），可选用19%溴氰虫酰胺悬浮剂2.6～3.3ml/m$^2$（苗床喷淋），或5%氟啶脲乳油1 000倍液，或15%茚虫威悬浮剂3 500倍液，或10%溴氰虫酰胺可分散油悬浮剂1 500倍液等。一般每隔7～10d喷药1次，连续2～3次，上述药剂注意轮换使用。施药时最好在清早或傍晚时进行，喷施时叶片的正、反面及茎蔓处均要喷到。